はじめての ハムスター

飼い方・育て方

［監修］
LUNAペットクリニック潮見 院長
岡野祐士
哺乳類動物学者
今泉忠明

Gakken

はじめに

みなさんこんにちは。

この本を手にしていただいているということは、ハムスターの魅力を感じていたり、ハムスターを飼ってみたいという気持ちが少なからずともあるのでしょうね。

最近はSNSでもハムちゃんの写真が人気で、じつはわたしのLINEのプロフィールは自分のハムちゃん写真です。小さいですが、愛くるしい姿や仕草・表情を見ていると、あっという間に時間が経ってしまいます。

こんなに小さい動物ですが、ハムスターはトイレもきちんと覚えます。なかには慣れると飼い主さんの手で寝るハムちゃんも。とてもかわいくて人なつっこいペットなのです。

しかし、ハムスターには病気を隠すといった面も……。みなさんの毎日のお世話が病気の早期発見につながるので、「ハムスター」という動物のことを勉強・理解してお世話してください。

小さくても命ある動物ですから、飼う以上病気になったらすぐに病院へ行き、お空に旅立つときまできちんと責任をもって面倒をみてください。

この本が、みなさんのハムスターとの暮らしに少しでも役立てれば幸いです。

LUNAペットクリニック院長　岡野祐士

ハムスターの毎日

小さくて愛らしいハムスター。
夕方に起きて朝眠る夜行性の動物だから、人間とはちょっぴりすれ違いな生活。
どんな毎日を送っているのか、こっそりのぞいてみましょう。

起床は夕方。お寝ぼうさんに見えるけど、ハムスターの基本的な生活リズムです。

コレコレ♪

健康の基本は食事。おやつばかりあげていると、肥満ハムになっちゃいます。

食後の遊びが
日課だよ

ハムスターは運動が大好き！　体は小さいけれど、ちょっとやそっとじゃ疲れません。回し車やおもちゃでたくさん遊びます。

カラカラ
カラカラ
回し車が
いちばん！

大冒険
してみたり…

サッカー
する？

意外な子と
お友だちになっちゃった！

ドッペルゲンガー!?

ここからが
いちばん大好きな時間…
ねーねー
まだー?

大好きな飼い主さんと会える時間はとても大切。信頼関係をしっかり築けば、甘えんぼうな手乗りにもなっちゃいます。

やっと
来てくれたのね

ごはんより
飼い主さんがスキ

でもやっぱり
コーンもスキ

飼い主さんが寝たあとも、まだまだ活動タイム

飼い主さんが寝たあとは、ごはんを食べたり、運動をしたり、ハムスターのメインの活動時間。おひさまが出るころに就寝します。

いい夢
みてね

ひとっ走り
しよ～

きょうも充実した
一日だったな

小腹が
へった

そろそろ
寝よっかな…

また明日から
よろしくね
おやすみなさい

はじめてのハムスター
飼い方・育て方

Contents

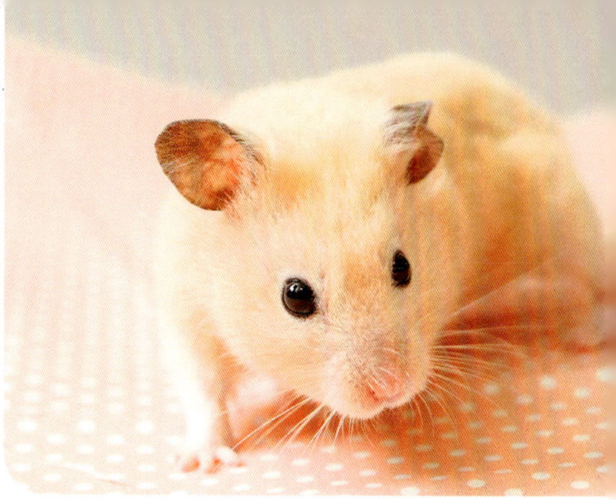

Part 1 ハムスターってこんな動物

Part 2 ハムスターをお迎え

Part 3 ハムスターのお世話

ハム暮らしレポート

Part 4 ハムスターと仲よくなろう

Part 5

ハムスターのキモチ

Part 6

ハムスターの健康

Part 1

ハムスターってこんな動物

生態

ハムスターの基礎知識

いっしょに暮らしていくために、まずはハムスターがどんな生き物なのか勉強しましょう。

世界中に住んでいる げっ歯目の仲間

ハムスターはリスやネズミなどと同じ「げっ歯目」の仲間。げっ歯目のなかでいちばんネズミに近いのがハムスターです。現在は4000種以上いるといわれ、日本でペットとして流通しているのはゴールデン、ジャンガリアン、ロボロフスキー、キャンベル、チャイニーズの5種類。ゴールデン以外は体が小さく、「ドワーフ種」と呼ばれています。

キャンベルハムスター
ロシア、モンゴル、中国
ジャンガリアンハムスター
カザフスタン、シベリア
チャイニーズハムスター
中国、内モンゴル自治区
ゴールデンハムスター
シリア、レバノン、イスラエル
ロボロフスキーハムスター
ロシア、カザフスタン、モンゴル

ドワーフハムスター

	ゴールデンハムスター	ジャンガリアンハムスター	キャンベルハムスター	チャイニーズハムスター	ロボロフスキーハムスター
＊体長	18～19㎝	オス 7～12㎝ メス 6～11㎝	オス 7～12㎝ メス 6～11㎝	オス 11～12㎝ メス 9～11㎝	7～10㎝
＊体重	オス 85～130g メス 95～150g	オス 35～45g メス 30～40g	オス 35～45g メス 30～40g	オス 35～40g メス 30～35g	15～30g

夕方以降に動く夜行性

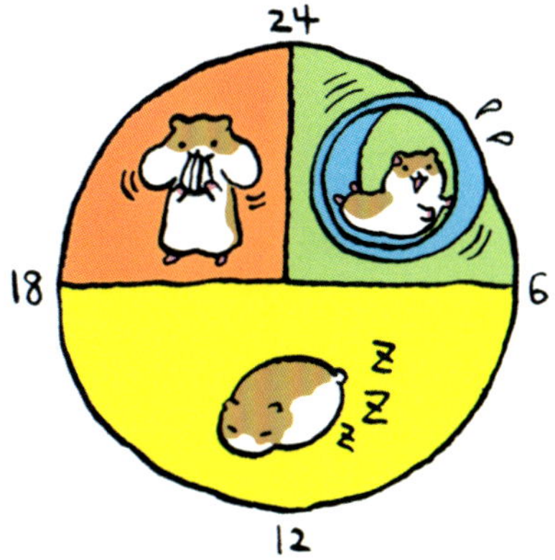

ハムスターは夜行性の動物です。日中は、ときどきごはんを食べることもありますが、基本的にずっと眠っています。日が暮れてからがハムスターの活動時間。この時間に合わせて飼い主さんはハムスターのお世話をしましょう。朝方まで食事や運動などの活動を続け、また眠ります。

食事の基本はハムスター用ペレットと水

毎日の主食は市販されているハムスター用のペレットを与えて。ハムスターに必要な栄養がバランスよく配合されています。野菜や果物はあくまでおやつ。ヒマワリのタネはカロリーが高いのであげすぎに要注意。人用の食べ物は基本的にあげてはいけません。水はいつでも飲めるように新鮮なものを準備しましょう。

COLUMN
ハムコラム

野生では、地面を掘ってつくった巣穴で生活

野生のハムスターが住んでいるのは、朝夜の寒暖差が激しい地域。また、敵が地上にたくさんいるため、地面に穴を掘って巣穴をつくります。敵が多い昼間は巣穴で寝て過ごし、夜になるとごはんを探しに外に出るという生活を送っているのです。

ゴールデンハムスター

愛嬌たっぷりな
のんびりさんに癒されちゃう

ちょっぴりおとぼけな表情が愛らしいゴールデンハムスター。ペットとして飼われているハムスターのなかでいちばん大きく、おだやかな性格で、人になつきやすい種類です。ハムスターと仲よくなりたい！という人にはいちばんおすすめ。ただし、縄張り意識がとても強いので、なるべく1匹で飼いましょう。

DATA

体長	18 ～ 19cm
体重	オス 85 ～ 130g メス 95 ～ 150g
原産国	シリア、レバノン、イスラエル

COLOR ノーマル

白に茶色のまだら模様が
ほんわかキュートでしょ

全身が
きれいなゴールドの
人気カラーだよ

COLOR キンクマ

顔の色が
割れているのが
「ドミノ」の特徴なんだ！

COLOR ドミノ（黒×白）

ドミノのカラータイプは
上の子とわたし
だけなの

COLOR ドミノ（茶×白）

黒×黄×白のミケだよ

COLOR トリコロール

おなかまわりのはっきりした白が
バンドって感じでしょ？

COLOR イエローバンド

後ろから見ても
バンドだよ

成長するにつれ
だんだん全身が
シルバーになってくるよ

COLOR シルバー

白にブチ模様が
とっても映える
おしゃれさん

ワンちゃんみたい？

COLOR ダルメシアン

COLUMN
ハムコラム

長毛種は突然変異で誕生

もともとハムスターは短毛の動物。野生で生きていくためには、引っかかったり、毛づくろいが大変だったりと、毛が長いことはマイナスでしかありませんでした。突然変異で生まれた長毛種が生き残れたのは、人に飼われるようになってからです。長毛種をペットとして好む人が増え、現在多くの長毛種が流通しています。

ふわふわで
かわいいの

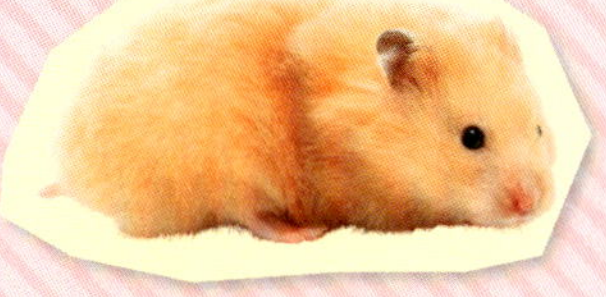

ジャンガリアンハムスター

くりっとした目と
愛らしいしぐさがたまらない

ドワーフ種のなかで、いちばんおとなしい性格のジャンガリアンハムスター。ゴールデンと並ぶ人気種です。いろいろな表情やしぐさを見せてくれて、マイペースに動く姿はどれだけ見ても飽きません。警戒心をもちにくく人になつく子が多いので、飼育初心者さんでも飼いやすい種類です。

DATA

体長	オス 7 ～ 12cm メス 6 ～ 11cm
体重	オス 35 ～ 45g メス 30 ～ 40g
原産国	カザフスタン、 シベリア

COLOR ノーマル

背中は濃い茶色で黒い線が入ってるよ
おなかは真っ白なの～

青みがかった
グレーだよ
まさに宝石！

COLOR ブルーサファイア

頭から足まで
じっくり見て～

白い模様が混じった
毛色のことを
「パイド」って呼ぶよ

COLOR パイド

プリンみたいに
おいしそうな
黄色のカラー☆

COLOR プディング

別名は
「スノーホワイト」
雪みたいな白でしょ？

COLOR パールホワイト

COLUMN
ハムコラム

冬に毛が真っ白になる個体も！

ジャンガリアンには、冬に毛が白くなる子がいます。一説によると、野生のジャンガリアンのなかには、冬でも活動する子がいて、雪のなかで敵に見つからないようにするため、変色するのだとか。冬に白い子を購入する際には要チェック！

ロボロフスキーハムスター

DATA

体長	7〜10cm
体重	15〜30g
原産国	ロシア、カザフスタン、モンゴル

ちょこちょこ動き回る小さな体にくぎづけ

ドワーフ種のなかでいちばん体が小さい種類。複数飼いに向いており、仲間どうしくっついて寝ている姿に癒されることまちがいなし。ただし、とても臆病な性格ですばやい動きをするので、人になついたり手乗りにするのは難しいです。観賞用にはぴったり。

COLOR ノーマル

薄茶色がメジャー
チャームポイントは
まろみたいな眉

真っ白で
まんまるな
癒し系だよ

COLOR ホワイト

キャンベルハムスター

気の強さはハム界1
上級者向けのハムスター

外見はジャンガリアンとそっくりですが、性格は気が強く、攻撃的な面があります。縄張り意識が強いため、噛むことも多いです。赤ちゃんのころから根気よくつきあえば人に慣れることもありますが、上級者向けの種類といえるでしょう。毛色はジャンガリアンよりも豊富です。

DATA

体長	オス 7 ～ 12cm メス 6 ～ 11cm
体重	オス 35 ～ 45g メス 30 ～ 40g
原産国	ロシア、モンゴル、中国

男気あふれる
きれいな黒色に
ほれちゃう？

COLOR ブラック

色素が薄い
赤目の子は
「ルビーアイ」といわれるよ

COLOR シナモン

チャイニーズハムスター

体が細長くてしっぽが長い！個性的といえばこの子

チャイニーズハムスターの特徴は、ほかの種類と比べて体が細長く、しっぽがネズミのように長いところ。顔も少し面長です。力が強く、警戒心もわりと強いほうですが、時間をかければ仲よくなれる子が多いです。ウンチやオシッコのにおいが少ないのもポイント。

DATA

体長	オス 11 ～ 12㎝ メス 9 ～ 11㎝
体重	オス 35 ～ 40g メス 30 ～ 35g
原産国	中国、内モンゴル自治区

COLOR パイド（オス）

タマタマの分だけ
メスより体長が
長いのも特徴なんだ

COLOR パイド（メス）

茶色かグレーの
毛色が多いのよ
背中に黒い線があるの

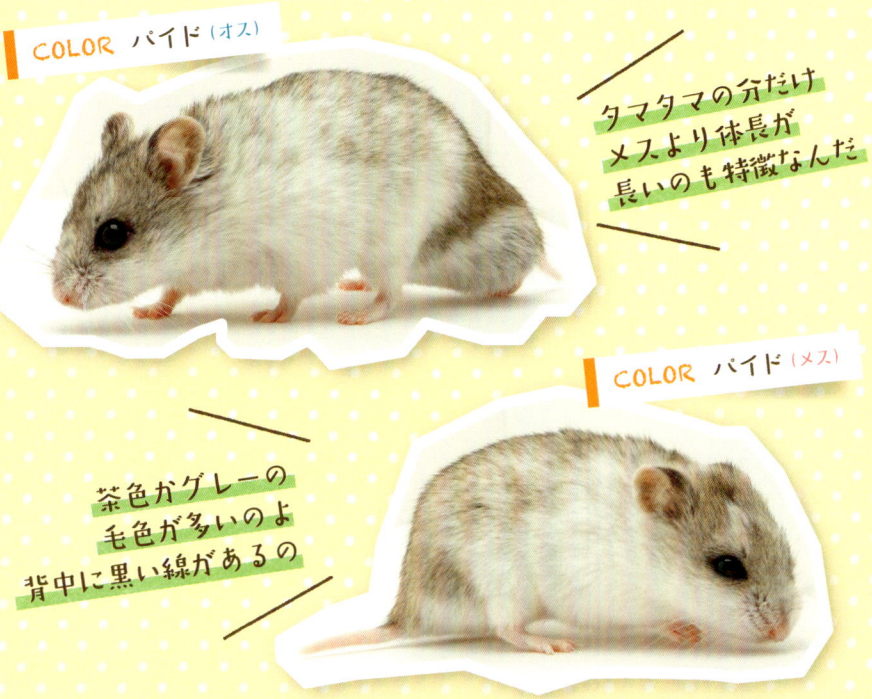

生態

体のしくみ

小さい体ですが、たくさんの機能をもったハムスター。
体のしくみを観察してみましょう。

するどい嗅覚と敏感な聴覚のもち主

とても小さなハムスターですが、野生で生き残るために人とは違った発達をとげています。固いものを食べるための歯や、一度にたくさん食べ物を貯めこむためのほお袋が目立ちますが、とくに優れているのは嗅覚と聴覚。外敵が多いハムスターは、においや音を頼りに相手を判別し、生き残ってきたのです。

皮膚
柔らかく光沢のある毛。少しだけなら水をはじくことができます。

しっぽ
木を登る必要がないのでしっぽは発達しておらず、とても短い。ゴールデンのしっぽには毛がありません。

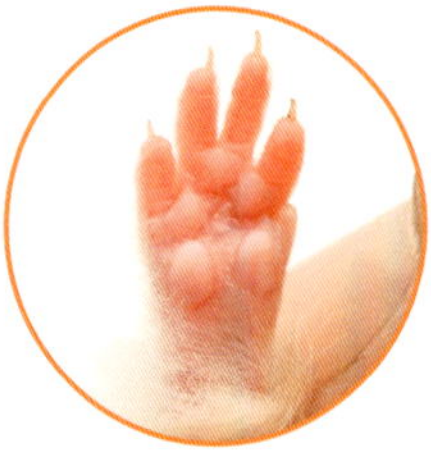

前足

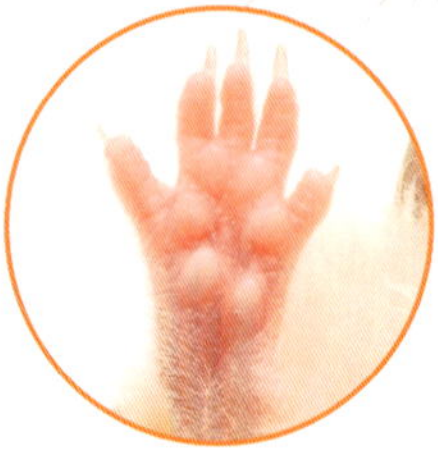

後ろ足

足
前足は指が4本、後ろ足は指が5本。ドワーフの足には毛がありますが、ゴールデンにはありません。

耳

どんなかすかな音でも聞き逃さず、音の種類を聞き分けます。超音波も聞き取ることが可能とか。

生殖器

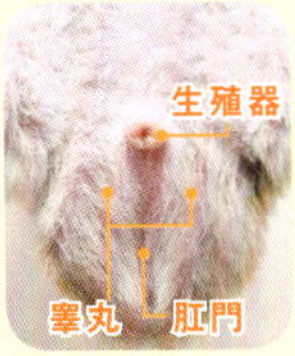

＊オス

肛門と生殖器の間が離れています。成長すると睾丸が目立つように。

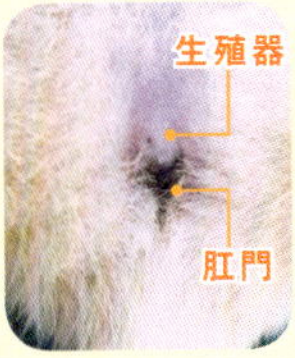

＊メス

肛門のそばに生殖器があります。小さいころは見分けるのが困難。

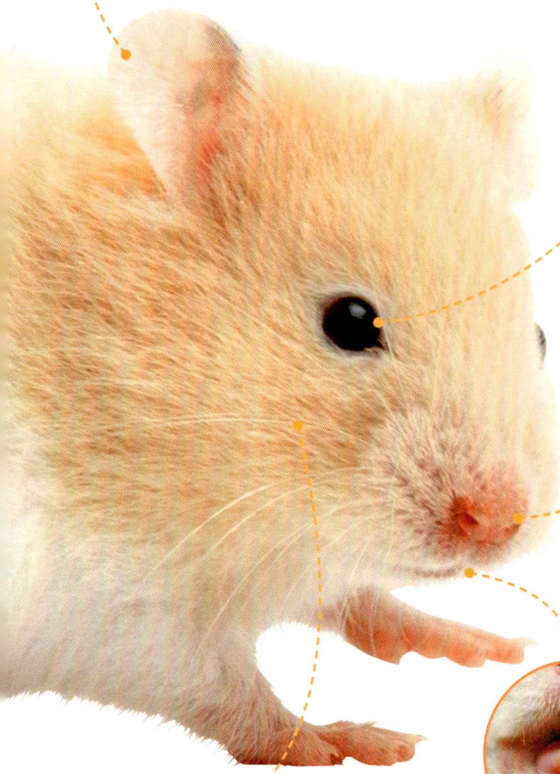

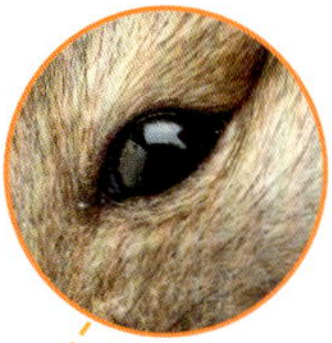

目

夜行性のため、暗闇でも状況が把握できるように発達。近眼といわれています。

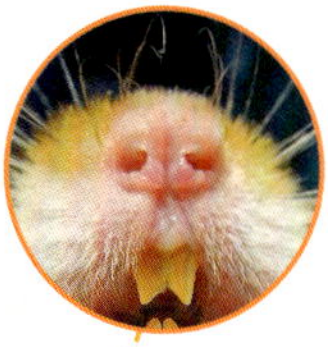

鼻

嗅覚がとても優れています。食事中や縄張りのパトロール中など、さまざまな場で大活躍。

臭腺

縄張りやマーキングのために分泌物を出します。ゴールデンとドワーフで場所が異なります。

ほお袋

口の内部左右にほお袋があり、食べ物や床材などを顔が変形するほど大量に貯めこむことができます。

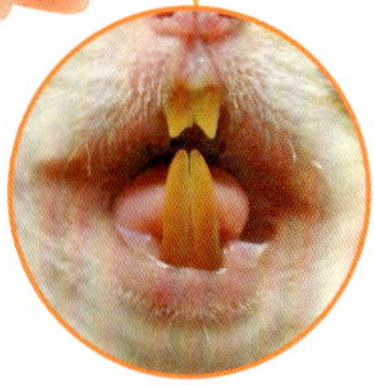

歯

黄色っぽい歯が上下合わせて16本あり、前歯の上下4本は一生伸び続けます。上より下のほうが長め。

COLUMN
ハムコラム

ハムスターの歴史

犬や猫と比べて、ペットとしての歴史が浅いハムスター。人気種のゴールデンハムスターの歴史を振り返ってみましょう。

3匹のご先祖さま

1930年シリアの砂漠にて、母ハムスターと子ハムスター12匹を、イスラエルの大学教授が発見し連れて帰りました。生き残ったのはオス1匹とメス2匹だけ。3匹を交配させ、1年で約150匹まで増えたそう。世界中のゴールデンハムスターは、この3匹が先祖と考えられます。1931年に2ペアがイギリスへ渡り、繁殖されたハムスターが世界中に行き渡りました。ペットとして飼われはじめるのは、さらに数年経ってからです。

1939年、来日

1939年、アメリカから歯の研究の実験動物として輸入されました。実験用に繁殖をくり返すうち、白色が混じったハムスターが生まれ、現在の「ノーマルカラー」や「キンクマ」が誕生。日本でペットとして飼われはじめたのは1970年ごろからで、人に飼われるようになって、さらにたくさんの色や柄・長毛種が誕生したのです。

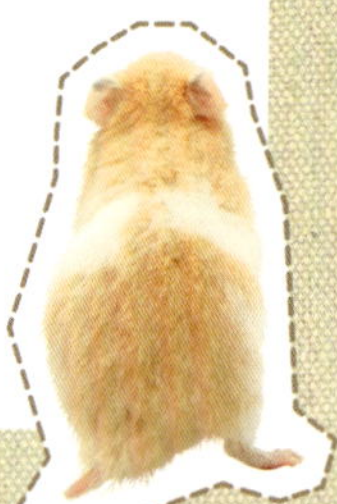

Part 2

ハムスターをお迎え

お迎え

飼う前に考えよう

ハムスターのかわいさに魅了されて「すぐに飼いたい！」と思っても、
まずはしっかりお世話ができるのかを考えてからにしましょう。

ハムスターとの暮らしをイメージしよう

お迎えしたハムスターの生活・健康は、飼い主さんにかかっています。忙しくても、お世話をさぼるわけにはいきません。毎日ごはんを与え、ケージを掃除し、コミュニケーションをとっていっしょに生活をしていくわけです。ときには、病気で看病が必要になることがあるかもしれません。何があっても責任をもって飼い続けることができるかどうか、迎える前によく考えておきましょう。

飼う前の心がまえ3か条

- **毎日お世話ができる**
  旅行や出張などで、飼い主さんが不在のときにどうするかも考えて。
- **ハムスターに合わせた環境を用意できる**
  とくに夏や冬は、エアコンでの温度・湿度管理が大前提になります。
- **金銭的な余裕がある**
  ハムスターがケガや病気をしたときの医療費など、急な出費がかかる場合も。

品種を選ぼう

ドワーフ or ゴールデン？

ドワーフハムスターとゴールデンハムスター、大きな違いは体のサイズです。おとなになったときの体長で比べると、ゴールデンは、ドワーフの約2倍にも成長します。当然、飼育ケージもゴールデンのほうがドワーフより大きなものを用意する必要があります。

体の大きさ＆飼育スペース

ドワーフハムスター

＊ドワーフは、体長12㎝ほど。
＊ゴールデンより狭いスペースで飼える。

ゴールデンハムスター

＊なかには体長20㎝を超える子も。
＊30×40㎝、高さ25㎝以上のケージが必要。

手乗りにしたい or 眺めて楽しみたい？

ハムスターを選ぶには、いくつかポイントがありますが、そのひとつが性格。品種によって性格の傾向があるので、「手乗りにしてふれあいたい」「ハムスターのかわいいしぐさを見て癒されたい」など、飼い主さんがハムスターとどんなつきあい方をしていきたいかを考えて、どの種類の子を迎えるか決めるのがおすすめです。

ただし性格はあくまでも傾向です。お迎えする子は、実際に会って選びましょう。

手乗り派？

ゴールデンハムスターは、のんびりした性格で人になつきやすい子が多いです。ジャンガリアンハムスターも、ドワーフのなかでは警戒心が弱い品種なので、なつきやすく飼育初心者向き。

● ジャンガリアンハムスター

● ゴールデンハムスター

観賞派？

ロボロフスキーは、臆病＆動きがすばやいので手乗りにするのは難しい品種です。チャイニーズやキャンベルは気が強く警戒心がやや強い品種ですが、慣れると手乗りにできる子も。

● ロボロフスキーハムスター

● チャイニーズハムスター

● キャンベルハムスター

CHECK

なつきやすいかどうかは個体差がある

性格は品種による傾向もありますが、あくまでもめやす。実際にふれあい、自分から近寄ってくるかを確認しましょう。

どっちも
かわいいよ～

オス派 or メス派？

性格は、性別によっても傾向があります。ただ、これもあくまで傾向なので、個体差によるところのほうが大きいです。あまり気にしなくて大丈夫。

繁殖を考えている場合は、性別を確認してからお迎えを。メスのほうが生殖器の病気にかかりやすいという点は、覚えておくとよいでしょう。

オス派？

＊好奇心旺盛
＊メスよりも縄張り意識が強い

メス派？

＊オスよりも順応力が高い
＊病気やストレスに強い
＊生殖器の病気にかかりやすい

ゴールデンは、メスのほうが
体が大きくなるので
オスよりも強い傾向が！

どんなカラーが好き？

多様なカラーも、ハムスターの魅力のひとつ。とくに、ゴールデンやジャンガリアン、キャンベルは毛色が豊富です。ショップに足を運び、お気に入りの子を見つけてください。

● ゴールデンハムスター
ノーマル

● ジャンガリアンハムスター
パイド

● ジャンガリアンハムスター
プディング

短毛？ 長毛？

長毛のハムスターは、突然変異で誕生しました。お迎え希望なら小動物専門店に足を運んで！ 長毛は短毛の子よりブラッシングなどのお世話をしっかりする必要があります。

● ゴールデンハムスター
短毛

● ゴールデンハムスター
長毛

長毛の子は
とくにブラッシングを
しっかりと！

1匹飼い or 複数飼い？

ハムスターを飼うときは、1匹に１つのケージが基本。ただし、品種によっては同じケージで飼うのに向いている場合も。同じケージで飼う場合は、子どものころからいっしょに迎えて、おたがいに警戒心を抱かない関係になっていることが大前提です。複数飼いをする際は、ケンカをしていないかつねにチェックしましょう。

CHECK

複数飼いに向いている品種を選ぶ

◎ ロボロフスキーハムスター

比較的同じケージで飼っても問題が起きにくい品種。数匹が寄りそって眠る姿は癒し効果大！

× ゴールデンハムスター

ゴールデンは、縄張り意識が強い品種なので、同じケージで飼うのは絶対にやめましょう。

オスとメスは別々のケージにする

オスとメスを同居させると、子どもを生んであっという間に数が増えます。繁殖を考えても、通常は別々のケージに。

ロボロフスキーは複数飼いに向いていますが、オスとメスはケージを分けて！

COLUMN
ハムコラム

ハムスターを飼う費用はどれくらい？

ハムスター自体は、比較的手に入りやすい価格ですが、飼うためには右にあげた費用が必ずかかり、それらの金額はハムスター自体の数倍にも。「安いから」という安易な理由で迎えるのはやめましょう。

- ハムスターの購入費
- 飼育グッズ
- フードやトイレ砂などの消耗品
- 医療費
- 室温管理のための電気代 …etc.

住まい

健康なハムスターを迎えよう

**お迎えする子を決めるとき、大切なのは健康チェック。
実際にショップなどを訪れ、元気いっぱいの子を迎えましょう。**

ハムスターを選ぶときは対面してから

ハムスターを手に入れる場所として、一般的なのはペットショップです。ショップ内のようすを観察して、信頼できるところから迎えましょう。お迎えの手段としてはほかに、知人が繁殖したハムスターをもらい受ける、インターネットの里親募集を利用する手もありますが、いずれにしても、直接会って健康チェックをしてからもらい受けると安心です。

point 1 ショップに行くときは……

ハムスターは夜行性なので、日中はお昼寝タイム。夕方以降にショップに行くのがおすすめです。店内のようすチェックのほか、店員さんがハムスターの生態に詳しいか、飼育アドバイスをしてくれるかも聞いてみましょう。

CHECK

☑ **ショップに行く時間帯**

夕方以降に訪れて元気に遊んでいるかチェックを。

☑ **ショップ内のようす**

においがきつくないか、清掃が行き届いているか確認して。

point 2 健康なハムスターの選び方

健康チェックは、ケージから出した状態で。ハムスターの体をひっくり返して、おなかやおしりまわりを確認することも忘れずに。自分でうまく見れない場合は、お店の人に見せてもらいましょう。

耳
耳がピンと立ってる？

目
目ヤニや涙が出ていない？　くり返しまばたきをしていない？

毛並み
脱毛やフケが見られない？

鼻
鼻水が出ていない？
くしゃみをくり返ししていない？

おしり
しっぽがぬれていない？　健康な状態では、オシッコやウンチでおしりは汚れていません。

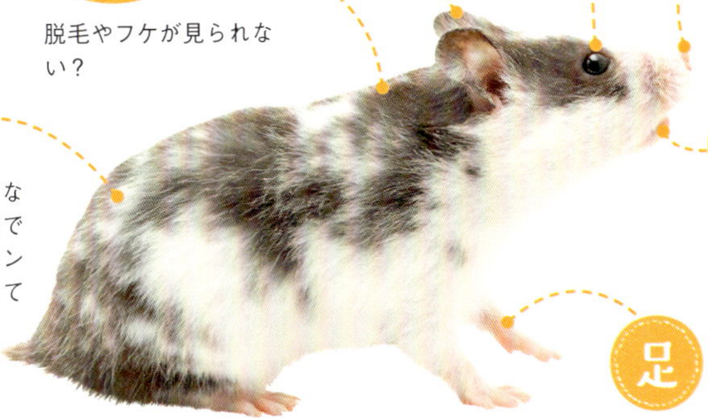

歯
歯が曲がったり伸びすぎたりしていない？
歯が欠けていない？

足
片足を引きずっていたり、歩きづらそうにしていない？

誕生日
生後1か月半になっていないくらい小さい子は、体調が急変するおそれが。誕生日がいつなのか、しっかり確認をしましょう。

性別・品種
性別や品種を聞いて、ちゃんと答えてくれるショップは信頼できます。また、性別によって性格の傾向も！

行動
元気に動き回っているか確認を。おとなしすぎる子は病気の可能性があります。ハムスターは夜行性なので、夕方以降にショップに行くと◎。

point 3 人になついているか

人になついているハムスターかどうかは、手への反応を見ればわかります。人の手を見て自分から近づいてくる子は、なついているといえるでしょう。

手を差し出すときは、後方や上から突然出すのではなく、ハムスターから人の手が見えている状態で、そっと近づけましょう。

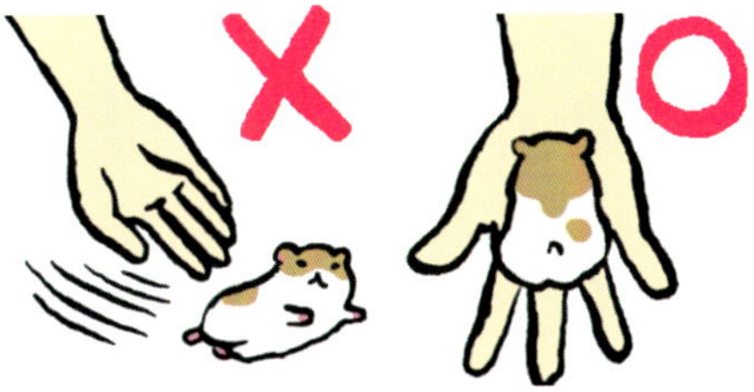

手乗りハムスターにしたいなら、選ぶときから手に慣れている子がおすすめ。自分から近寄ってくる子を探して。

住まい

基本グッズをそろえよう

飼育グッズには選ぶポイントがあります。
ハムスターに適したものを選び、快適空間をつくってあげましょう。

巣箱

ハムスターは、野生ではトンネルを掘って暮らしていたので、狭い場所が好き。体がすっぽり入る大きさの巣箱を用意して。

→ P.39

給水ボトル

お皿ではなく給水ボトルを用意して。ハムスターが後ろ足で立ったとき、顔の高さとボトルの口が同じ高さになるよう設置を。水が垂れるので、下に水受けを置くのもおすすめ。

→ P.40

上から見ると!

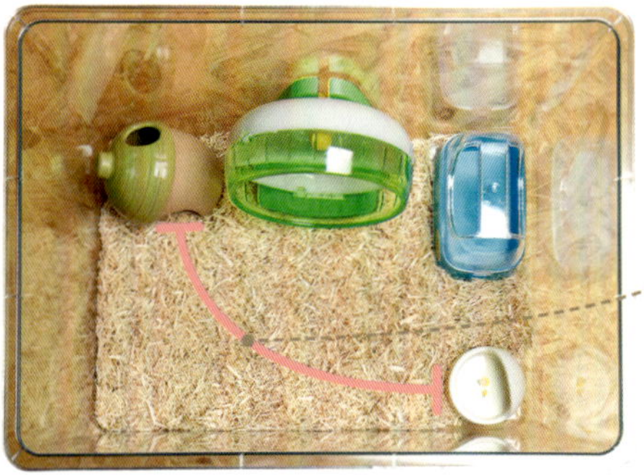

巣箱とフード入れは離して置こう!

巣箱とフード入れが近いと、ハムスターはその間の往復しかしなくなるので、なるべく離して置くようにしましょう。

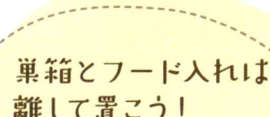

ハムスターが快適と感じるスペースを用意しよう

ケージは、ハムスターが1日の大半を過ごす場所。快適に過ごせる空間を用意してあげたいものです。ケージ用品の選び方は、各ページを参考に。また、グッズの配置のしかたにもポイントが！　使うときに不便が生じないようによく考えましょう。

ケージ

ケージタイプは大きく分けて2種類。ハムスターの品種やメリット・デメリットを考えて選びましょう。

→P.36

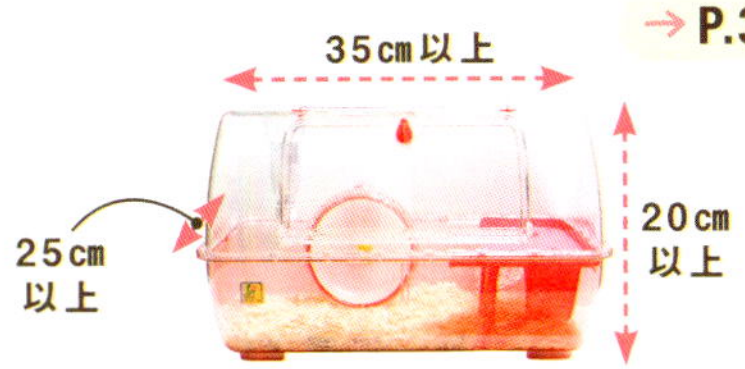

ドワーフサイズ

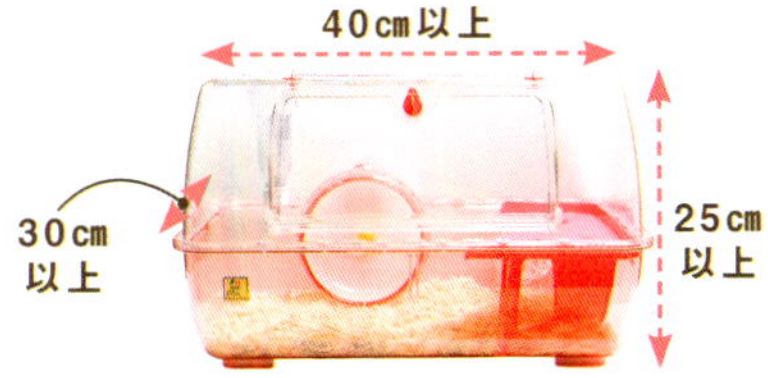

ゴールデンサイズ

トイレ

ハムスターには、砂場で排せつする習性があります。専用の容器も市販されているので活用を。

→P.41

フード入れ

ハムスターが食べやすい高さのものを、ひっくり返らないようにケージの端に置きましょう。

→P.40

床材

野生では土を掘って暮らしていたハムスター。床材は土の代わりです。さまざまな素材があるのでしっかり検討を。

→P.38

回し車

ハムスターには縄張り内をくまなく走り回る習性があるので、その本能を満たせるよう運動グッズも用意しましょう。

→P.42

住まい

ケージグッズを選ぼう

ケージには、大きく分けて金網タイプと水槽タイプの2種類があります。メリット・デメリットを考慮して選びましょう。

水槽タイプ

まようね〜

◎ 保温性が高いので冬場に最適
◎ 床材が散らばりにくい

× 風通しが悪いので夏に不向き
× 湿気がこもりやすい

そのほか水槽タイプにはこんなものも！

● アクリル製

アクリル製の水槽もあります。比較的重量が軽いものの安定感があるのでおすすめ。

● 衣装ケース

プラスチック製の衣装ケースをケージとして利用しているお宅も！

ケージ　金網タイプと水槽タイプ、適したものを！

金網タイプと水槽タイプ、大きな違いは保温性です。金網タイプは涼しいですが寒さに弱く、水槽タイプは保温性には優れているものの風通しが悪いため熱がこもってしまいます。どちらにせよ、それぞれのデメリットへの対策は必須です。

金網タイプ

どっちが
よいかしら～

◎ 風通しがよいので夏場に適している
◎ 軽量なので掃除がしやすい

× 保温性が低いので冬は寒すぎる可能性がある
× 床材が散らばりやすい
× ケージ柵を噛んで、歯を痛めるおそれがある

脱走対策をしよう

ケージをよじ登りふたを開けて脱走されたりしないようちゃんと対策を！　ふたの上に重しを置いたり、ナスカンなどでふたをロックしたりしましょう。

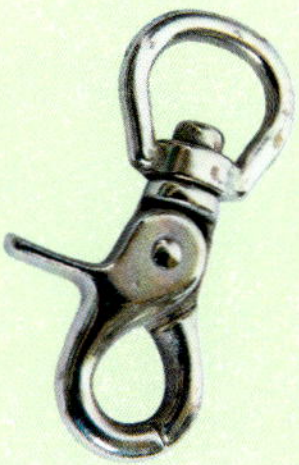

両タイプを使い分けるなら

金網タイプは涼しく、水槽タイプは暖かい。このメリットを活用するには、両タイプを季節によって使い分けるという方法もあります。ただし、この方法は多少なりともハムスターにストレスをかけることになるので、環境の変化に弱い子や老齢の子はやめましょう。

床材　市販品や自宅にあるもので工夫を！

野生で暮らすハムスターは、土を掘って巣穴の中で生活していますが、寒くなれば葉っぱなどを集めて温まります。ペットのハムスターも、これら土や葉っぱの代わりとして床材が必要です。ハムスターがもぐれるくらいたっぷり敷いてあげましょう。

CHECK

床材を用意するときは……

- ☑ 食べてしまわないか観察を！
- ☑ アレルギーの可能性もあるので体調に変化が見られたら、ほかの床材に変更する
- ☑ もぐれるくらいたっぷり入れよう

市販品

ウッドチップ

食べても安全。ただ、まれにアレルギーを起こす子もいるのでよく観察を。

ペーパーチップ

吸水性がよく、オシッコの色の変化、血尿など異常に気づきやすいのが特徴。

牧草

食べても安全。吸水性は劣るが、ケージの外に散らばりにくいので掃除には◎。

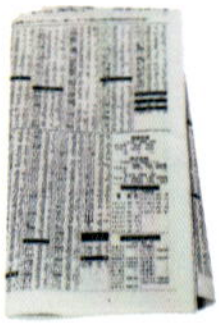

新聞紙

細かくしてから使う。インクが毛にうつり、黒っぽくなってしまう場合も。

キッチンペーパー

細かくしてから使う。異常を発見しやすい。溶けないので食べてしまう子は×。

トイレットペーパー

細かくしてから使う。吸水性がよく、異常を発見しやすい。

土

衛生面ではやや×。出血などに気づきにくい。遊び場として利用する手も。

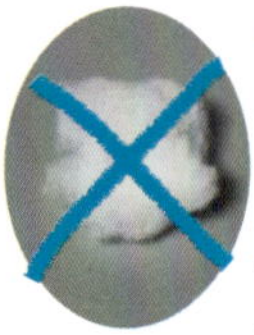

ワタ

手足に絡んでケガのもとになったり、食べると胃腸に詰まらせたりするので×。

ペットシーツ

かじって中の吸水ゼリーを食べてしまうと非常に危険。絶対に使用しないで。

巣箱　成長したときの体のサイズを考えて！

ハムスターは、体がすっぽり収まるくらいの狭くて暗い場所にいると落ち着きます。成長に合わせ後ろ足で立てるくらいの大きさの巣箱を選んで。お昼寝や貯蔵庫など大活躍する場所なので、ハムスターが気に入るものを設置してあげましょう。

CHECK

巣箱を用意するときは……

- ☑ 体がすっぽり入るくらいの大きさのものを！
- ☑ 汚れたらすぐに洗うか交換をしよう
- ☑ 上部や底が外れるタイプだと便利

病院に行きたいのに出てきてくれない場合など、ふたや底が外れる巣箱だと安心。

陶器製

傷がつきにくいので細菌が繁殖しにくく衛生的。冷たいので夏は暑さ対策グッズとしても活躍！

何個もあると
うれしいな

木製

衛生面では陶器製にやや劣るため、汚れたら交換を。かじれるので歯を削る手助けにもなります。

こんなものを利用しても！

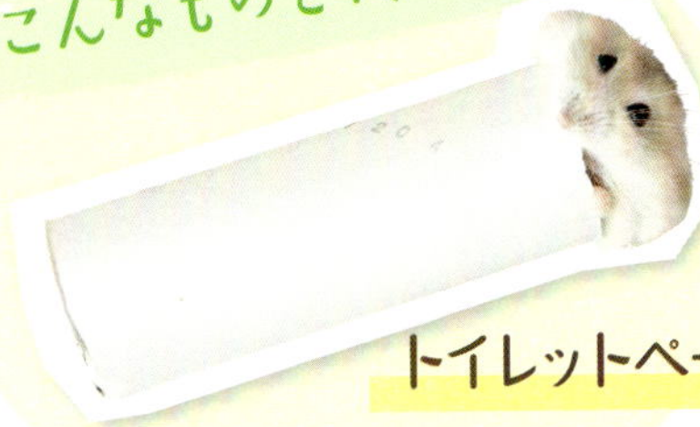

トイレットペーパーの芯

トイレットペーパーの芯やティッシュペーパーの空き箱を利用するのも手。汚れたら即交換できてかんたん。

フード入れ　ハムスターのサイズに合うものを！

一般の小皿でも代用できますが、専用のフード皿があれば、ハムスターはそこが自分の食事場所だと認識します。ドワーフ用、ゴールデン用などがあるので大きさが合うもの、ひっくり返りにくい安定感のあるものを選びましょう。

材質

プラスチックだとかじる心配があるので、陶器製がおすすめ。傷がつきにくいので衛生面でも◎。

高さ

大きくて深いものだと、ハムスターが体ごと中に入って食べてしまうので不衛生。体格に合ったものを用意して。

水入れ　吸水ボトルを用意しよう

お皿に水を入れて置くと、体ごと入ってしまったり、倒して床材をぬらしてしまうので、必ず吸水ボトルタイプの水入れを用意しましょう。垂れた水で床材がぬれるのを防ぐため、水受けを設置すると◎。

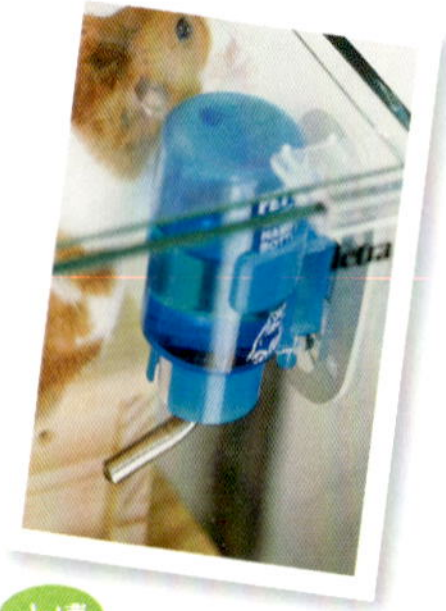

金網　水槽

吊り下げ型

天井部が網状のケージに取りつけることができます。

金網

取りつけ型

金網の外側に取りつけ、ボトル口だけケージ内に入れるタイプ。

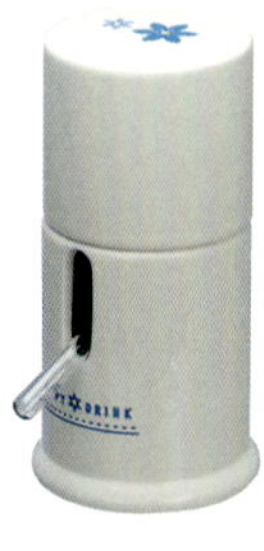

金網　水槽

置き型

金網・水槽ケージどちらにも設置可能。倒れないよう置き方に気をつけて。

水槽

吸盤型

ケージ側面に吸盤ではりつけるタイプ。ボトルをかじっていないかチェック必須。

トイレ　オシッコはしつけができる

ハムスターは、オシッコのしつけができる動物です（P.60参照）。トイレのしつけができるとオシッコの異常に気づきやすいので、専用の容器を用意してチャレンジしてみては!?

トイレ容器

プラスチック製か陶器製だと、オシッコが染み込まないので衛生的。

トイレ砂

砂には固まるタイプと固まらないタイプがあります。砂を食べてしまう子は、胃の中で固まると危険なので固まらないタイプを。

スコップ

汚れた砂を取り除くスコップ。人用のスプーンでも代用できますが、トイレ用と決めたらそれ以外には使わないで。

砂浴び用容器　ハムスターの性格によって用意しよう

ハムスターには、砂浴びをして体を清潔に保つ習性があります。ただ、砂浴び用スペースを用意しても、トイレで砂浴びをして使用しない子も。その場合は、撤去しても大丈夫です。

容器

砂がたっぷり入り、ハムスターが転がれる広さのものを。ふたつきだと、外に砂が飛び散らないので掃除がかんたん。

トイレと砂浴びを同じ場所で行う子には、トイレ用砂と砂浴び用砂を半々にしたものを用意しても◎。

素焼きの砂浴び用容器。ひんやりするので、夏の暑さ対策にもばっちり。

回し車　体のサイズに合ったものを

　野生のハムスターは、1日で20㎞走ることもあるといいます。運動できないのはストレスのもと。ケージ内でも習性を満たすように、回し車を用意しましょう。回し車は、体に対して小さすぎると背骨を傷めるため、適したサイズのものにしましょう。

置き型

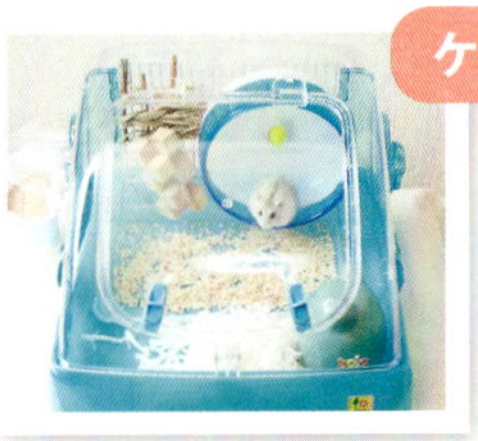

ケージ一体型

ケージと一体になったタイプは、走行中も安定感があります。

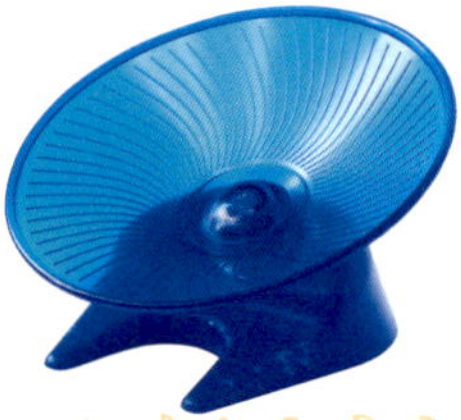

円盤型

海外では走行面がナナメになったタイプも！

大きさ

ゴールデン用、ドワーフ用があるので、品種に合わせて選んで。

形

走行面にすき間があるタイプは足を引っかける危険があるので×。

運動グッズいろいろ

　トンネルもハムスターの習性を満たすグッズです。トンネル途中で寝ていて出てきてほしいのに出てこない……といったことがないよう、分解できるタイプだと安心。

アスレチック

サークルに出して遊ぶときは、置き型の運動スペースになります。

トンネル

中をくぐって遊べるトンネルは、ハムスターが大好きなアイテム。

その他

そのほか、ハムスターのためにそろえたいグッズを確認しましょう。

温湿度計

温度・湿度管理は、ハムスターの健康を守るために必要不可欠。必ずケージの中に置きましょう。

キャリーケース

動物病院に連れて行くときやケージ掃除をするときの避難場所としてあると便利。

かじって歯を削ります。使わない子もいるので、その場合は置かなくても問題ありません。

かじり木

キッチンスケール

体重やフード量を量るために必要です。1g単位で量れるデジタルのキッチンスケールにしましょう。

冷却グッズ

夏の暑さ対策に。ひんやりとしたアルミ製なので、ハウスとしても利用できます。

乗って涼める天然石の冷却プレート。体の熱の放熱を助けます。

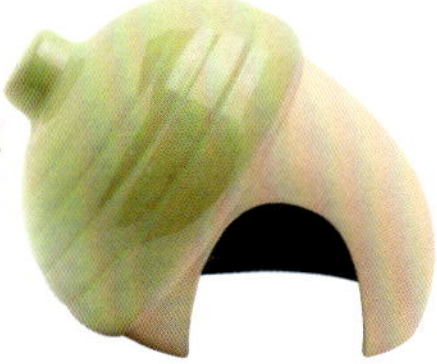

素焼きのハウス。通気性がよく、中に隠れていても涼しい！

暖房グッズ

冬の寒さ対策に。ふんわりと体を包まれるとハムスターは安心するのでおすすめ。

キノコ型のあったかハウス。かさ部分が外れ、クッションになります。

お掃除グッズ

ケージ内やケージまわりの掃除に、ミニちりとりや歯ブラシがあると便利。

住まい

ケージの置き場所を考えよう

日当たりや風通し、さわがしさや人の目が行き届くかなどを考えてケージの置き場所を決めましょう。

危険がない環境をつくろう

ケージを置く場所として最適なのは、1日を通して室温管理ができて、日中しっかりと日が入るリビングなどです。静かな環境だとハムスターが落ち着いて過ごせますが、廊下や玄関など薄暗い場所は適しません。また、人があまり行かない場所だと、ハムスターの体調が悪くなったときにすぐに気づけない可能性が。右のポイントをチェックして、ハムスターが快適に過ごせる場所を選んでください。

ハムスターに適した温度・湿度

温度 18 ～ 25℃

湿度 40 ～ 60%

部屋のどこかに温湿度計を設置していたとしても、必ずケージの中にも置いて、毎日チェックしましょう。暑すぎると熱中症、寒すぎると冬眠する危険があり、最悪の場合命に関わります。人が留守にする間も、エアコンなどで適切な温度を保つのを忘れないよう！

ハウスの置き場所

台所など、
火や油を使う場所
ほかのペットが
いる部屋
エアコンの風が
当たる場所
テレビやステレオ
などの近く
寝室など、人が
あまり行かない場所
窓際など1日を通して
気温差がある場所
玄関や
出入り口の近く

ハウスを置くのに最適な場所を探して

ケージを置く部屋を決めたら、次はどこに置くか検討を。ポイントは、エアコンの送風や直射日光が直接当たらない場所。窓やドアの近くは風通しがよいですが、その分1日の間で寒暖差が激しい場所でもあるので避けてください。また、テレビの近くなどさわがしくない点も大切です。ケージの一面か二面は壁に接しているとハムスターも安心するでしょう。

◎ 床から離して置こう

床に直接置くと、人が歩く振動が伝わり安心できません。また、寒さ対策の点からも床から1mほど離して置くのがおすすめ。

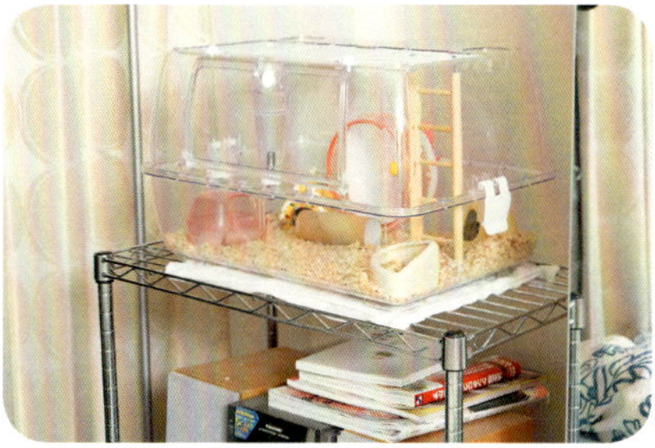

最初の1週間の過ごし方

お迎えしてすぐは、かまいすぎないことが大切。
新しい環境に慣れてもらえるようそっとしておきましょう。

お迎え後はかまわずにそっとしておこう

ハムスターと仲よくなるには最初が肝心。お迎え当日～1週間ほどは焦らず距離を縮めていくことが大切です。

家にハムスターが到着したら、すぐにケージに入れましょう。かまいたくてもグッとがまん。ジロジロ見たり声をかけたりするのは控えて、静かに過ごさせてあげましょう。

お迎え後の過ごし方

初日

- **フードと水をあげたらあとはそっとしておく**

  フードや水をあげたら、布をケージの上からかけて、あとはそっとしておいて。

- **今までと同じ生活ができるよう配慮を**

  環境の変化は体調を崩す原因になります。フードや寝る時間など以前と同じ生活ができるように。

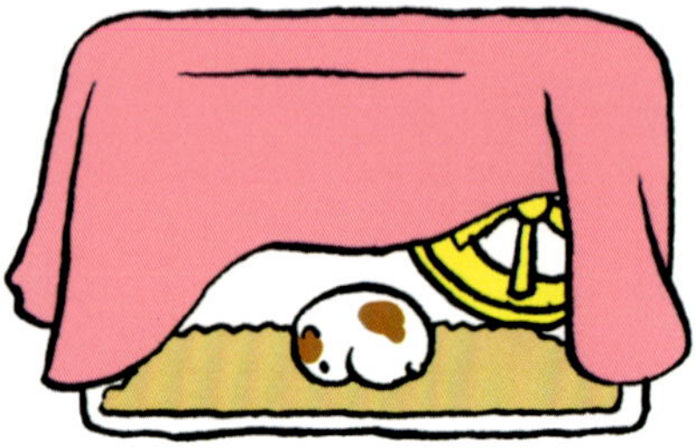

point

お迎えは春と秋がおすすめ

飼いはじめる季節は、気候が穏やかな春や秋がおすすめ。夏・冬は体調を崩しやすい季節なので対策が必須です。

2〜3日目

● フードと水の交換などをお世話するにとどめて

「そろそろ慣れたかな？」と、かまいたくなるところですが、まだがまんのとき。フードや水をあげる、汚れた床材を交換するなど、最低限のお世話にとどめてそっとしておきましょう。

２〜３日経つと、環境に慣れてきたハムスターは、回し車で遊びはじめたりします。

4〜6日目

● おやつをあげてみよう

ハムスターはケージに入れたまま、体格に合わせて小さくしたおやつを鼻の先に差し出します。こうして、飼い主さんの手のにおいを覚えてもらいましょう。

逃げるようなら深追いしない！

手からおやつをあげてみて、逃げるようならしつこく追うのは逆効果。諦めてお皿におやつを入れてあげましょう。後日再チャレンジしていけば、徐々に慣れてくれます。

7日目〜

● ケージの外に出してみよう

手からおやつをもらうのに慣れたら、ハムスターをケージの外に出してみましょう。そっと手のひらに乗せておやつをあげます。おびえているようなら無理はせず、ケージに戻しましょう。

COLUMN ハムコラム

ハムスターの睡眠

私たちが起きている昼間はもちろん、気づくとスヤスヤ寝ているハムスター。どれだけ睡眠をとるの？　そのヒミツに迫ります。

平均1日14時間

ハムスターの睡眠は、浅い眠りを経て深い眠りになり、だんだん浅くなって、目が覚める直前でまた深い眠りに……をくり返します。この1回の睡眠の長さを「睡眠単位」といい、人は約90分、ゴールデンなら約11分です。つまり1日14時間の睡眠とは、この11分を約70回くり返しているということ。睡眠単位のペースが乱れるとストレスを感じるようになるので、昼間は無理に起こしたりせず静かに寝かせてあげましょう。

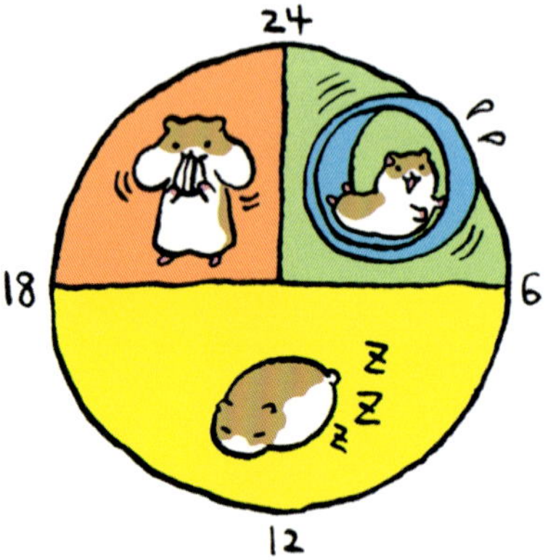

ハムスターの1日＝人間の4時間

ハムスターの心拍数や呼吸数は、人間の約6倍。つまり、人間の6倍のスピードで生きているということです。換算するとハムスターの4時間＝人間の1日！　さらにいえば、人間の1日はハムスターにとって１週間ほどの長さにあたります。1日1日を大切に過ごしましょう。病気の進行もそれだけ早いので、異変は見逃さないで。

Part 3

ハムスターのお世話

生活スタイル

ハムスターの1日

留守中のハムスターの行動や、お世話のタイミングをチェック！
ハムスターの1日を追ってみましょう。

お世話は夕方以降 活動時間に合わせて

夜行性のハムスターの活動開始時間は、夕方以降。お世話や遊びは、ハムスターに合わせて行うのが基本になります。ごはんの時間は、飼い主さんの都合に合わせても大丈夫ですが、なるべく決まった時間にあげるようにしましょう。

夜は部屋を暗くしよう

日中は自然光のもと、夜は暗い環境にするのが理想。夜も明かりの下にいる状態では、体内時計が狂ってしまいます。夜、部屋を明るくするならケージには布などをかぶせて。

夕方 → 起床、活動開始

夕方になれば活動開始！　起床して、ごはんを食べたり遊びはじめます。お世話をするのは、このタイミングがベスト。

飼い主さんがやること

食事
おなかが空くのは、夕方～夜中の間。ごはんと水の交換は夜9時ごろが◎。

掃除
睡眠中に起こされるのは、ストレス大。ケージ掃除も起床してから行って。

健康管理
食事や遊びの時間の間をみて、毎日の健康チェックもしましょう。

夜中 → 運動タイム

人が眠りについている深夜が、ハムスターがいちばん活発に動く時間。ごはんを食べたり、運動したり……。2～3時間、回し車を回している子もいます。

明け方 → 就寝

夜の大運動会を終えたら、就寝時間。人と入れ違いに、走り回っていたハムスターは眠りにつきます。眠りはじめたら、夕方まではそっとしておきましょう。

昼間 → ときどき活動

昼間はまったく起きないわけではなく、ときどき起きてはごはんを食べ、また眠ったりしています。夕方6時ごろまでは、うとうとしながら、ときどき動く……をくり返す時間です。

CHECK

お世話日記を書こう

お世話をしていて気になることがあったら、メモをとっておくと、いざ体調が悪くなったときの資料となるので安心。

- ☑ 体重
- ☑ 食事の量と内容
- ☑ 健康チェック結果
- ☑ 今日のお世話の内容

3月17日
・体重 100g
・オシッコとウンチ
量・回数ともに いつも通り
・食事
いつもと同じ量を完食
・健康チェック
とくに異常なし
・お世話
おそうじ、おさんぽ20分

食事《ごはん》の基本

健康の基本は、毎日の食事管理！　フード選びも量も、「なんとなく」ではいけません。ハムスターに適した食事を覚えましょう。

主食はハムスター用ペレット

ハムスター用ペレットとは、穀物などを粉末にして固めたもののこと。健康を維持するための理想的な栄養素がバランスよく配合されたフードなので、ハムスターの主食はこのペレットと新鮮な水が基本になります。適正量を毎食量り、与えましょう。また、ペレット以外の食べ物をあげたいなら、副食として少量にとどめてください。

注意

ヒマワリのタネは主食にならない

ヒマワリのタネは、ハムスターの主食として誤解されがちですが、適していません。種子類は、高カロリー・高脂肪なので肥満のもとになります。おやつやごほうびとして、たまに与える程度にしましょう。

ペレットの選び方

主食は固いタイプ

市販されているペレットには、やわらかいタイプと固いタイプがありますが、必ず固いタイプを選びましょう。やわらかいタイプは、食べながら歯を削るハムスターには適さず、歯の伸びすぎを招きます。

栄養がとれているか

パッケージに表記されている「保証成分」という欄を見れば、そのペレットに含まれる栄養成分がわかります。右の表が栄養割合の理想ですので、これに近いペレットを選びましょう。

大きさは適切か

ペレットには、「ゴールデン用」「ドワーフ用」があります。粒の大きさが異なるので、必ず品種に合わせたものを。

主食に適しているか

市販されているフードのなかには、ハムスター・リス兼用フードなども見られますが、ハムスター用ペレットを選ぶのが安心でしょう。また、種子や野菜、ペレットが混ざった「ミックスフード」も適しません。ハムスターが好きなものだけ選んで食べ、ほかは残してしまうので、栄養バランスが偏ったり、肥満になったりしてしまいます。

量は適切か

1日に食べるフード量は、ハムスターの種類にもよりますが多くて15gほど。1袋の容量が多すぎると、使い終わるころには、味が落ち劣化していることがあります。1か月ほどで食べ切れる量を選びましょう。

＊必要栄養素の割合めやす

粗タンパク質	18%
粗脂肪	5%
粗繊維	5%
粗灰分	7%

水分の値が10%以下なら、「固いペレット」の証拠です。必ず確認をしましょう!!

製品の特徴をチェック

製品によって「ダイエット用」「アガリスク入り」といったものも。効果の根拠をしっかり確認したうえで購入しましょう。

主食は、ハムスターの健康を大きく左右します。責任をもって安心・安全なものを選びましょう。

食事のルール

1日の量は体重の5～10％

1日の適正量は、体重の5 ～ 10%ほどです。食べるだけ与えているとあっという間に太ってしまい、病気を招くことにもなりかねません。毎食､適正量を量って与えましょう。計量には、1g単位で量れるキッチンスケールを使いましょう。

10～15g

ゴールデン

3～4g

ドワーフ

＊食事量のめやす＊

食事の時間を固定

食事は、なるべく毎日同じ時間にあげるのがおすすめ。時間がバラバラだと、「今日はいつもらえるの？」と、ハムスターが不安とストレスを感じてしまいます。また、ごはんの時間に寝ているなら、無理に起こさず、起きてくるのを待ちましょう。

無理やり
起こさないで

CHECK

体重チェックで適量を決めよう

適正量には個体差があるので、体重も毎日量り、太ってきた・やせてきたなどがあれば、量の見直しが必要です。食べているのにやせた場合は、病気の可能性があるので、すみやかに病院へ。

どう？
TANITA
117g

食べ残しをチェック

食べずに貯めこんでいるかも

フードは食べ切れる量を与えるのが基本。ふだん食べ切っているのに残すようになったら、「飽きた」と考えるのではなく病気を疑ったほうが早期発見につながります。フード容器が空でも巣箱に隠している可能性があるので、掃除のときに確認を。

新鮮な水を常備

毎日取り換えてあげて

毎日の食事には、新鮮な水も重要。1日1回（夏は1日2回が理想）交換しましょう。膀胱結石（P.126参照）などの原因となるので、ミネラルウォーターは厳禁。あまり飲んでいなくても、野菜などから水分をとれていれば問題ありません。

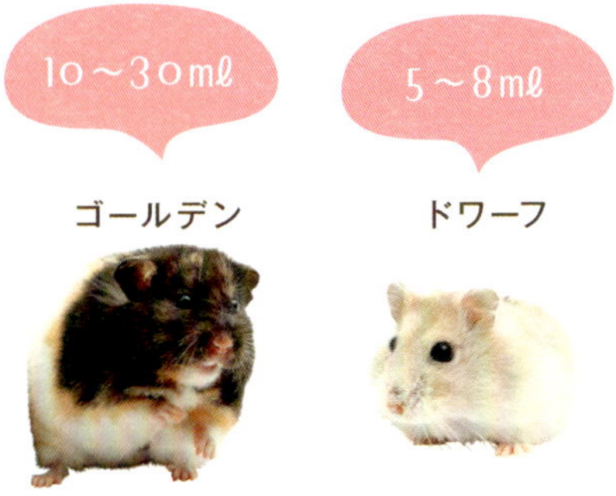
10〜30mℓ
5〜8mℓ
ゴールデン
ドワーフ

＊飲水量のめやす＊

密封して保管

きちんと保管で劣化を防ぐ

フードは直射日光が当たらず湿気が少ない場所で保管しましょう。できれば、密閉容器に移し替えて保存すると◎。一度開封したフードは賞費期限内であっても味が落ちて劣化していくので、消費日数のかからないものを購入するのがおすすめです。

密封できるビンや容器に入れたら、いっしょに乾燥材を入れておくのも◎。

ごはん

おやつのあげ方

おやつの食べすぎは、栄養不足や肥満、ひいては病気のもとになります。ルールを守ってあげましょう。

肥満に注意して 適切なものを適量あげよう

雑食性であるハムスターは、野菜、果物、種子類なんでも食べる動物です。これらは嗜好性が高いため、好物の子が多いもの。でも、好むからとあげすぎてしまうと、それだけでおなかいっぱいになり主食を食べてくれません。冬に向けて体力アップのために少々とか、水分をとらせたい夏には水分の多い野菜をといったように、目的・体調に応じてあげて。

おやつのルール

量は少なめに

人にとっては1かけらのおやつでも、体が小さいハムスターにとっては多量。それを意識して、おやつの大きさ・量の調節を。

水分が少なく、固いもの

水分量の多いものを食べすぎると下痢を起こす原因に。また、固いもののほうが、歯の伸びすぎ防止に役立ちます。

point

おやつは「小鳥のエサ」がいちばんおすすめ

ビタミンやミネラルが多く含まれる雑穀。小鳥のエサには、ヒエ、アワ、キビ、麦、トウモロコシなどの雑穀がたくさん入っており、栄養バランスのいい食べ物です。小さい粒なのもドワーフにとっては嬉しいポイント。

おやつの種類

毎日OK

→ 野菜

**緑黄色野菜を中心に
ビタミン・水分を摂取**

少量なら毎日与えても問題ないのが野菜です。ビタミンがとれる新鮮な緑黄色野菜がおすすめ。サツマイモなどの根菜類は、ゆでてふやかしてからあげましょう。

コーン

キャベツ

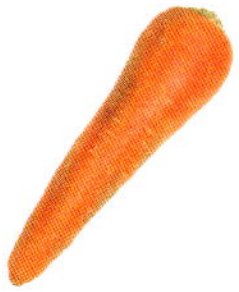
ニンジン

ブロッコリー

カボチャ

野菜のタネや芽には有毒なものもあるので、あげる前に安全かどうか確認を。

ごくたまに

→ 果物

**糖分のとりすぎで
カロリー過多になりやすい**

野生のハムスターには果物を食べる機会はないので、果物は贅沢品といえます。ただ、食べすぎはカロリー過多に。食欲増進のためにあげるなど、特別なときにごく少量だけ！

水分が多すぎるものは
避けてね

イチゴ

リンゴ

バナナ

特別なとき

→ 種子・動物性たんぱく質

**高カロリー・高脂質な食べ物は
肥満のもと**

ハムスターの好物であるヒマワリのタネ、クルミ、カボチャのタネなどの種子類は、肥満の原因になるので少しだけ。妊娠時や体力をつけたいときは多めでも問題ありません。

ヒマワリのタネ

ゆで卵の白身

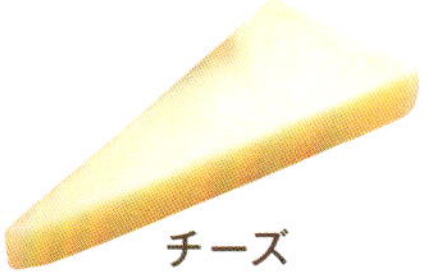
チーズ

ごはん

食べさせてはいけないもの

人にとって何でもない食べ物でも、ハムスターが食べると危険なものは多くあります。おやつであげる前に、安全か必ず確認を。

中毒を起こすものは絶対に食べさせないで

ハムスターが食べると中毒を起こす食べ物は、このページで紹介するもの以外にも数多くあります。絶対に安全という確証がなければ、与えないのが安全です。万が一危険なものを食べてしまった場合は、すぐに病院へ連れて行きましょう。

また、与えてよい食品でも人間用に加工・調理されたものは調味料が加わっているので、あげてはいけません。

人の食べ物

ごはん

中毒になるわけではありませんが、炭水化物は、消化器官に負担をかけます。

クッキー

クッキーやケーキなどの人間用おかしは、糖分・脂肪分が高いのでダメ。

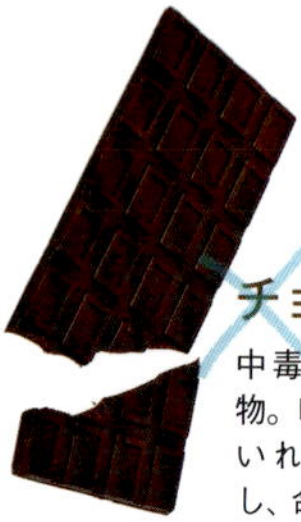

チョコレート

中毒を起こす食べ物。嘔吐、下痢、けいれんなどを起こし、命に関わります。

ビール

ほんの少量でも急性アルコール中毒を起こす危険が。アルコール類は厳禁。

コーヒー

カフェインが危険。下痢、嘔吐などを引き起こします。

牛乳

ハムスターは、牛乳に含まれる乳糖を分解できないので下痢の原因に。

野菜・果物

部分によって
食べられるものもあるよ

タマネギ

ネギ類は血尿や下痢、嘔吐、発熱などを起こし、少量でも命に関わります。

ニラ

ニラやニンニクもネギ類のなかまなので、気をつけて。

アボカド

呼吸困難、けいれん、嘔吐、肝臓障害の原因になります。

トマト

成熟していない実（青い部分）や葉、茎が危険。

ジャガイモ

葉、皮、根に中毒を起こす成分が含まれています。

モモ

未成熟の実、タネに中毒を起こす成分が含まれています。

サクランボ

未成熟の実、タネが危険。成熟した実は安全です。

カキ

未成熟の実、渋柿が危険。タンニンを多く含むため、中毒の原因になります。

植 物

植物のなかにも、ハムスターが誤って食べると危険なものはたくさんあります。少量で死に至ることもあるので、ハムスターが暮らす部屋の植物は、すべて片づけてしまうほうがよいでしょう。

部屋の観葉植物に
注意してね

⚠注意

危険なものを食べたらすぐに病院へ

ハムスターが危険なものを食べて中毒を起こしたら、体内の毒素を一刻も早く取り除く必要があります。すぐに病院へ連れて行きましょう。ただし、中毒になってしまうと病院での処置にも限界が。絶対に食べさせないことがいちばんです。

トイレのしつけ

習性を利用すれば、トイレを覚えてくれる子も。
根気強くトイレのしつけにトライ！

習性を利用して トイレを覚えてもらおう

野生のハムスターは、巣穴にトイレ専用の部屋をつくります。ウンチはにおわないのでどこでもしますが、においのするオシッコでほかの部屋を汚したくないのです。この習性を利用して、トイレの場所を覚えてもらいましょう。

トイレでオシッコをしてくれることで、オシッコの異変に気づきやすくなり、病気の早期発見につながります。

オシッコがしやすい場所をトイレに

巣箱とフード入れから離れた場所に設置

野生のハムスターの巣穴では、トイレと寝床、食糧貯蔵庫は別々の部屋になっています。ほかの部屋からなるべく遠いところをトイレとするので、その習性を利用したレイアウトにしましょう。決まってオシッコをする場所がある場合は、そこにトイレを設置するのも手です。

トイレの教え方

1 オシッコのにおいを残しておく

オシッコがついた床材などを入れておくと、においでトイレと認識するかも。

2 トイレと覚えるまで何回もくり返す

根気強くトイレトレーニングを続けることが成功への近道です。

→ なかなか覚えられない子は…

覚えられない子もいるから無理やりはダメ

トイレを暗くする

少し暗くなっている場所だと、オシッコをしやすいです。屋根つきのトイレや、暗い位置にトイレを設置しましょう。

オシッコをする場所にトイレを移動

トイレにはしてくれないけど、いつもだいたい決まった場所でオシッコをしている場合は、その場所にトイレを設置してみましょう。

ウンチをどこにでもポロポロするのは…

きれい好きなハムスターは、野生でもトイレの場所を決めてオシッコをします。反対に、ウンチは寝床でも食糧貯蔵庫でもポロポロ。ウンチは乾燥してにおいがほとんどないため、汚れないと考えているようです。

ケア

体のお手入れ

ハムスターは自分で毛づくろいをして体をきれいにします。ときどきお手入れを手伝いましょう。

体のチェックもかねて ときどきお手入れしよう

ハムスターは1日に何度も毛づくろいをして、自分の体をきれいにしています。飼い主さんが毎日しなければいけないものではないですが、病気やケガの予防のため、また体のチェックもかねて、ときどきお手入れをしてあげるとよいでしょう。毛づくろいできない部分が汚れているときや、爪が伸びすぎているときなどは率先してお手入れをしてあげましょう。

⚠注意

水のおふろはNG

ハムスターは水が苦手。水のおふろに入れると、体温調整がうまくできずに体温が下がり続け、風邪をひいてしまいます。

おふろ

ハムスターにとってのおふろは砂浴び。毛や皮膚の汚れを落とします。砂浴びをしない子もいますが、毛づくろいだけでも十分。

ひどく汚れたら タオルで拭こう

ハムスターが自分で落とせないほどの汚れをつけているときは、ぬらして固く絞ったタオルで、汚れた部分だけを優しく拭きましょう。

ブラッシング

人間の赤ちゃん用のやわらかい歯ブラシで、頭からおしりに向かってそっとブラッシングします。おなかはやらないで。

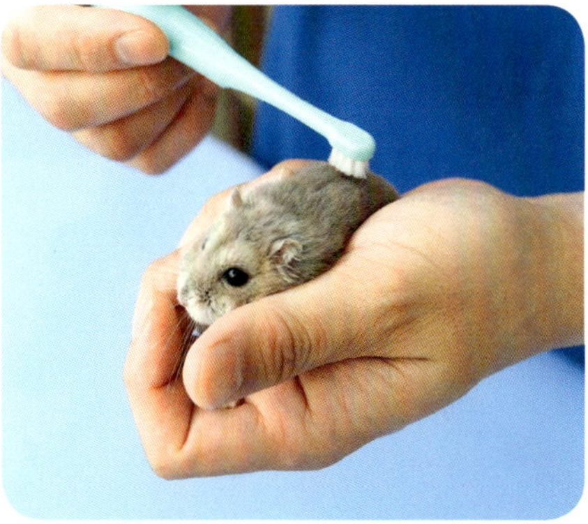

長毛種は念入りに！

爪切り

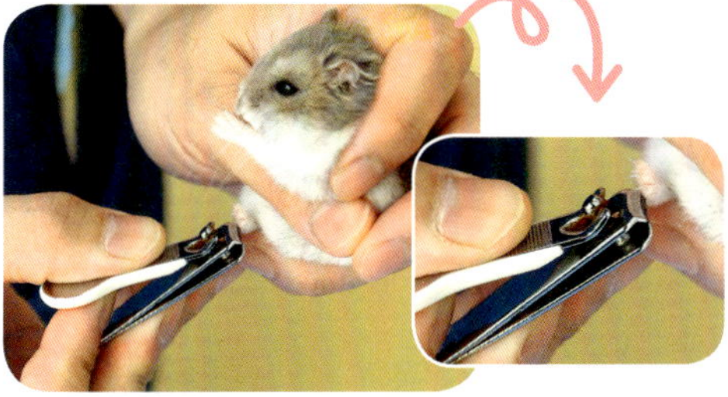

人間の赤ちゃん用の爪切りやまゆばさみを使用。足をしっかりと固定して、爪の先だけを切ります。爪の根もとのピンク色の部分は血管なので切らないで。いざというときのために、止血剤を用意しておくと安心。

難しければ動物病院に頼もう

ハムスターの爪はとても小さく切るのが難しいので、獣医師に切ってもらうのがおすすめです。

臭腺

ゴールデン

ドワーフ

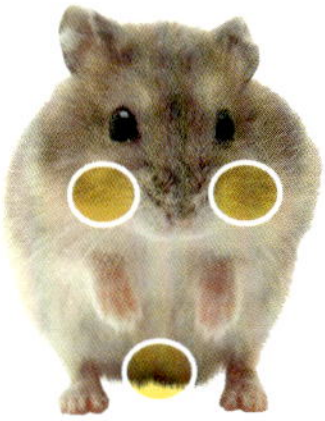

ゴールデンは背中の腰あたり、ドワーフはおなかのおへそあたりと口の両端にあります。

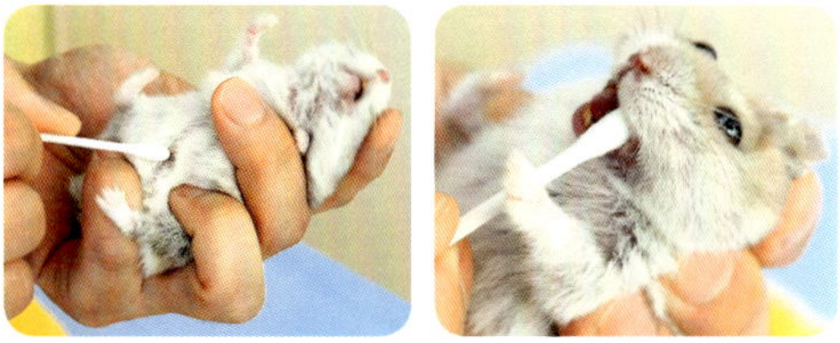

綿棒を臭腺にちょんちょんとつけて分泌液を拭き取ります。毛づくろいの回数が減る高齢ハムスターには必要なお手入れです。

シーズン別

季節に合わせたお世話

ハムスターは暑さにも寒さにも弱い動物。
季節に合わせたお世話をすることが大切です。

季節に合わせて 暑さ・寒さ対策を万全に

自分で体温調節をすることが苦手なハムスターにとって、暑さと寒さは大敵。暑すぎると熱中症、寒すぎると冬眠に入ってしまうというように、温度は命に関わる問題です。野生のハムスターのように自分で適温の場所に移動することができないので、飼い主さんがしっかりと管理をしましょう。

ケージ内の温度・湿度を一定に

温湿度計で毎日チェック

ハムスターが快適な温度は18～25℃、湿度は40～60%です。一年を通して変化がないように、ケージ内に温湿度計を設置して管理しましょう。

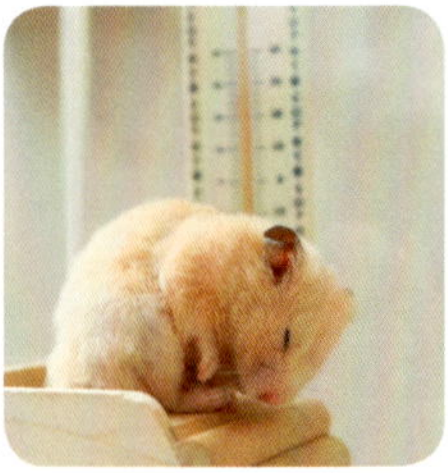

ケージ内と外では温度と湿度に差があります。必ずケージ内に温湿度計を設置しましょう。

温度・湿度管理はエアコンで

部屋の空気そのものを管理するには、エアコンを使うのがいちばん有効。エアコンが必要な時間だけ作動するようにタイマーを使うなど、工夫をしましょう。

春 朝晩の冷え込みに注意

一年のなかでいちばん過ごしやすい季節。朝晩の冷え込みに注意して、冬の寒さ対策を急にやめず、温度を見て少しずつ変えていきましょう。

床材の量は冬と同じくらい多めに。ハムスターが自分で温まることができます。

お世話メモ

食事

タンポポやオオバコなど、栄養たっぷりの春の野菜を食事に加えてみましょう。

掃除

夏毛に生え変わる時期。こまめに掃除をしましょう。床材はたっぷりと入れて。

健康管理

気温の急激な変化で風邪をひいてしまいやすいです。保温対策をしっかりしましょう。

秋 冬に向けて体づくり

冬に向けて栄養をたくわえ、体力をつけたい季節です。秋のはじめは暑さが続きますが、暑さが落ち着くにつれてハムスターの元気が出てきます。夏バテで落ちていた食欲が復活するので、極端なカロリーオーバーに気をつけつつ、フードを多めに与えて。

ヒマワリのタネも
いつもより
食べて OK

お世話メモ

食事

食事で冬の寒さを乗り切る体づくり。高カロリーの種子類を少し多めに与えても◎。

掃除

冬毛に生え変わるので、掃除をこまめに。朝晩が冷え込むので、床材は多めに入れましょう。

健康管理

食欲旺盛になるので、体重が増加します。自然なことなので、多少なら気にしなくてOK。

CHECK

子づくりは春か秋のはじめに

春と秋は気温や湿度が安定しているので、ハムスターがいちばん過ごしやすい季節です。出産・子育てをする体力もあるので、繁殖をするならこの時期がおすすめ。

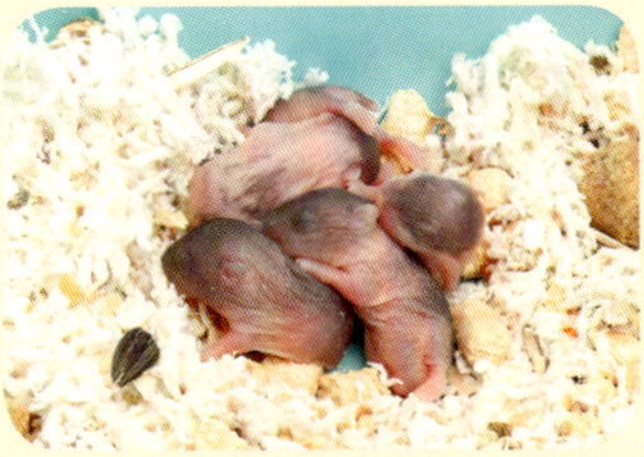

梅雨　暑さ対策スタート

湿度が高くジメジメした梅雨はハムスターにとって苦手な季節。ケージ内に湿気がこもらないよう、エアコンなどを使って風通しに気を配って。

お世話メモ

食事

食べ物や水が腐りやすいので、新鮮なものを与えるよう心がけましょう。

掃除

寄生虫や病原菌が繁殖しやすいので、こまめな掃除が必要。食べ残しもすべて処分して。

健康管理

寄生虫が原因の皮膚病になりやすい時期です。体をかゆがっていないか要チェック。

夏　熱中症に要注意

暑くて湿度が高い日本の夏は、ハムスターにとってつらい季節。直射日光の当たらない場所にケージを置き、エアコンを使って快適な温度と湿度を保ちましょう。

お世話メモ

食事

水分を多く含んだ野菜や果物を多めに与えて、脱水対策をしましょう。

掃除

梅雨に引き続いて、食べ物の取り換えや掃除をこまめに行い病気を防ぎましょう。

健康管理

熱中症に注意。体温が上がってぐったりしている場合は、すぐに動物病院へ。

金網ケージもおすすめ

熱がこもりやすい水槽タイプより、風通しのよい金網タイプが夏はおすすめです。

涼感グッズを置く

ハムスターが自分で涼める涼感グッズを設置。春先から入れて、夏までに存在に慣らせましょう。

⚠注意

扇風機は効果ゼロ

ハムスターは汗をかかないので、汗を気化させるための扇風機は効果なし。むしろ風が当たることがストレスに。

冬 10℃以下で冬眠の危険が

10℃以下になると冬眠状態に入ってしまうハムスター。目を覚まさずに死んでしまうこともあるので、寒さ対策を万全にして冬を迎えましょう。ケージ内の温度は必ず15℃以上を保つように心がけて。

毛布などでケージを覆う

熱が逃げないように、とくに冷え込む朝晩はケージに布や断熱シートなどをかけると安心です。

ケージ下の一部にヒーターを敷く

全面に敷くと暑くなったときにハムスターの逃げ場がなくなってしまうので、自分で調整できるようケージ底の一部にペットヒーターを敷いて。

床材をたくさん入れる

体を温めるために床材に埋もれたり、巣箱に持って行ったりできるよう、たっぷりと床材を入れましょう。

お世話メモ

食事

体力を維持させるために、食事量を増やします。高カロリーのものを与えてもよいでしょう。

掃除

暖かくできるよう床材をたっぷりと用意しましょう。巣箱に持っていく子が多いです。

健康管理

呼吸が浅く、長い間寝ているようなら疑似冬眠の可能性が。手で温め、動物病院へ。

COLUMN ハムコラム

野生ハムスターの冬眠

野生のハムスターは、冬が近づくと巣穴のなかに食べ物をためこんで、冬眠の準備を開始。冬眠がはじまると、巣穴の入口を枯れ草などでふさいでしまいます。春まで地上には出ません。完全には目を覚ましませんが、冬眠中もときどき起き、食事や排せつをします。

毎日のぱぱっと掃除

ハムスターが気持ちよく暮らすために、ケージの掃除は飼い主さんの大事な役目。毎日の掃除で清潔をキープ！

夕方から夜の活動時間を毎日の掃除タイムに

ハムスターはきれいな場所が大好き。ケージのすべてを毎日掃除することは難しいですが、トイレやフード入れ、巣箱などは毎日の掃除が必要です。ハムスターの活動時間にあたる夕方から夜を、掃除タイムにしましょう。不衛生な環境は、病原菌が繁殖しやすく、健康を損なう原因にもなります。きれいな環境を保ちましょう。

トイレ

オシッコでぬれた砂のみをスコップや小さいスプーンで取り除き、必要な分だけ新しい砂を足します。

訓練中はオシッコを少し残すと◎

トイレ訓練中の子は、オシッコのにおいを残しておきましょう。においで自分のトイレだと覚えてくれます。

床材

オシッコや食べ物、水などで汚れてしまった部分だけを捨てます。給水ボトルの下は水でぬれている可能性が高いので要チェック。捨てた分だけ、新しい床材を足しましょう。ウンチはピンセットなどを使い取り除きます。床材のなかに隠れていることも多いので、3日に1度くらいの頻度で、見えない床材の層をすべて交換してしまうのも◎。

給水ボトル・フード入れ

水を入れ換えるときに、給水ボトルの中を水ですすぎ洗います。定期的に消毒液でつけ置き洗いを。

汚れやすい野菜などを入れているなら、毎日洗剤で洗いましょう。

巣箱

巣箱のなかにウンチや食べ残しがないかチェック。ペレットなら数日、野菜などは1日経ったら取り除きましょう。

CHECK

ウンチ、オシッコの健康チェック

掃除は、ケージの中をよく観察できる時間です。とくに健康のバロメーターであるウンチとオシッコは要チェック。ウンチの個数はいつもと同じか、下痢や血尿をしていないか見てみましょう。

✓ オシッコ

少し白くにごった黄色なら健康。床材が白いと見分けやすいです。

✓ ウンチ

かたくて黒に近い茶色、縦長でポロポロとしていれば健康の証拠。

お掃除

月に1回の大掃除

月に1回、ケージを丸ごと洗う大掃除の日をつくりましょう！
天気がよい日にするのがおすすめ。

目に見えない汚れまで まるっと掃除

毎日の掃除では行き届かない細かな汚れを、月に1回の大掃除でケージごとまるっときれいにしましょう。すみずみまで洗って消毒し、病原菌の繁殖をおさえます。大掃除の頻度はケージの汚れやハムスターの状態によって臨機応変に。梅雨や夏場はとくに菌が繁殖しやすいので、頻度を増やしてもOK。寄生虫がわいたときはすぐに徹底して洗いましょう。

CHECK

大掃除はハムスターにかなりの負担

自分のにおいが消えてしまう大掃除は、ハムスターにとってかなりのストレス。闘病中の子やお迎えしたばかりで環境に慣れていない子などの場合は、少しの環境の変化でも体力を消耗してしまうので、大掃除をしないほうが安心。ケージの水洗いをせずに、汚れている部分だけ拭き掃除をするのでも十分です。

大掃除を避けたい子

- ☑ お迎えしたばかり
- ☑ 臆病
- ☑ 妊娠中
- ☑ 病気中

ケージの洗い方

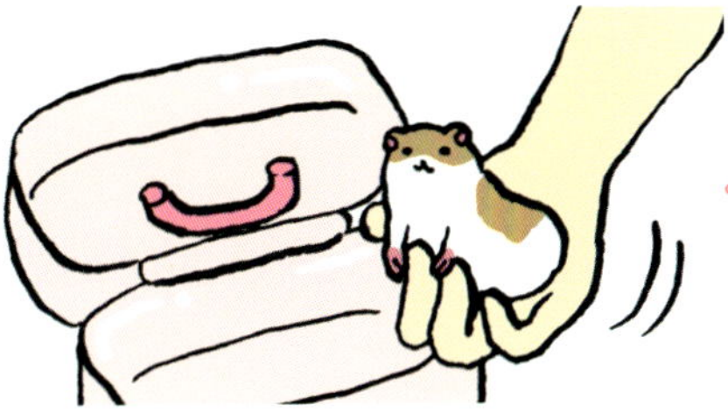

1 ハムスターを移動

キャリーケースなどに移動させます。使っていた床材を入れてあげましょう。

2 グッズを出し、床材を捨てる

ケージのなかのグッズをすべて出し、床材を少し残して捨てます。

3 ケージとグッズを洗う

ケージとグッズを洗います。洗い終わったら洗剤が残らないよう入念に水でそそいで。

木材のグッズは洗わないで

木製のグッズは、乾きにくいので水で洗えません。乾いた布巾などで拭きましょう。オシッコで汚れたり、ダニがわいてしまったら買い換えて。

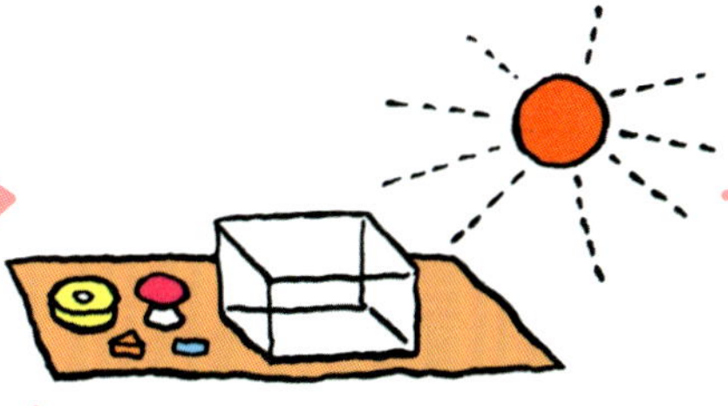

4 日光消毒か熱湯消毒

乾拭きし、日光消毒をしながら乾かします。ガラス製のものは熱湯消毒するのも◎。

5 ハムスターをもとに戻す

残しておいた床材を、新しい床材に混ぜてケージ入れ、グッズを配置したら終了。

留守にするときは

ハムスターは1～2日なら留守番ができますが、そのためには万全な準備が必要です。

環境を整えて安全に留守番させよう

旅行などで家を留守にするとき、ハムスターは1～2日ならひとりで留守番が可能です。準備を万全にして留守番をしてもらいましょう。留守が3日以上になると、だれかにお世話をしてもらうことが必要。環境の変化によるストレスを減らすため、できるだけ家までお世話に来てもらうことがおすすめ。預ける場合は、ケージごと移動させるとよいでしょう。

1～2日 ハムスターだけで留守番

- **ペレットと水をたっぷり準備**
  水分が多い野菜などは腐りやすいのでNG。ペレットだけを多めに入れます。
- **温度と湿度を管理**
  エアコンを使って快適な温度と湿度を保ちましょう。とくに夏と冬は注意が必要。
- **戸締りを徹底**
  ドアや窓の施錠をしっかりと。脱走や、ほかの動物が侵入しハムスターをおそう危険性があります。

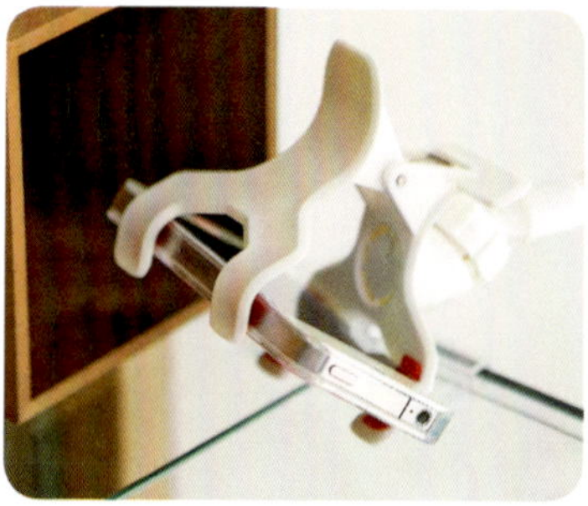

監視カメラを設置しておけば、外出先でもようすを確認できるので安心です。

3日以上

お世話に来てもらう

ペットシッター

1回3000円ほどから頼めます。かならず事前に会って、信頼できる人を選びましょう。緊急連絡先やかかりつけ病院を教えることを忘れずに。

友人

ハムスターを飼ったことがある友人なら、安心して任せられます。事前に家に来てもらい、お世話のしかたをきちんと伝えましょう。

預ける

ペットホテル

施設はきれいか、ほかの動物とは離れているかなど、事前に見学させてもらいましょう。ハムスターに詳しいスタッフがいると安心です。

動物病院

かかりつけの動物病院で預かってもらえば、健康面での心配がありません。ハムスターも行き慣れているので、ストレスも少ないはず。

友人

ケージごと家に持って行きます。事前にケージの大きさを伝え、置き場を確保してもらいましょう。最低限のお世話以外かまわないように伝えて。

CHECK

いっしょにお出かけするときは

知らない場所へのお出かけは、臆病なハムスターにとってかなりのストレス。お出かけするなら、元気かどうかよく確認してから、キャリーに入れましょう。長時間の移動は体力を消耗させるので避けて。温度管理と、移動中の揺れに気をつけて、こまめにようすを確認してください。

床材
においつきの床材を入れると安心するかも。

食べ物
水分代わりに、野菜を入れましょう。

ハム暮らし
HamGurashi Report
レポート

ひかるさん宅

芋洗きなこちゃん 桜吹雪小梅・小春ちゃん

3匹のおてんば娘とわくわくな毎日

SNSで見つけたハムスターの写真で、いっきにハムスターの魅力にハマったひかるさん。まずはゴールデンのきなこちゃんをお迎えし、さらに1か月後、複数飼いに向いているロボロフスキーの姉妹・小梅ちゃんと小春ちゃんも仲間に入りました。「3匹ともちがったかわいさがあって楽しいです♪」という言葉通り、カメラには何百枚もの写真が……。親バカあるあるですね♪

Profile

芋洗きなこ
ゴールデン（ノーマル）
4か月、メス
特技は回し車を外側から回すこと。カメラ目線はモデルさながら。

桜吹雪小梅・小春
ロボロフスキー
（ノーマル）
4か月、メス
いつもいっしょの仲よし姉妹。すばしっこいほうが小梅ちゃん。

きなこのケージ

お迎えしてすぐに使っていたケージはかじるようになったので、水槽にお引っ越し。かじる心配がないガラスタイプ。

巣箱
回し車
給水ボトル
トイレ
フード入れ
ひんやりマット

涼感用品は春先から入れて慣れてもらう。

小梅と小春のケージ

巣箱を2つ置いていますが、いつもどちらかに2匹で入っているそう。はしごはかじり木として。

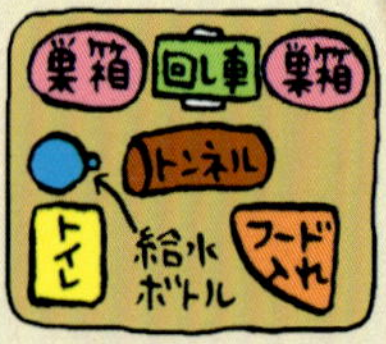
巣箱
回し車
巣箱
トンネル
トイレ
給水ボトル
フード入れ

こっそりのぞく姿にキュン！

手乗りの練習を重ねたきなこちゃん。今では自分から乗るほど、手が大好きに！

あまえんぼうがスキ❤

ごはん

主食 食べごたえと噛みごたえ重視のハムスター用フードが中心。ほかはバランスを見て少しずつ組み合わせます。

おやつ 市販の乾燥野菜やチーズなど。肥満にならないよう、週に2回だけ、量を決めて与えます。

体重測定

体重計にフードを乗せて、自ら乗ってくるまで待機。

ゆっくり食べてくれるので、この間に体重を測定します。

トイレのしつけ

ウンチとオシッコをトイレに移し、場所を覚えてもらったそう。小春ちゃんたちは現在トレーニング中。

ハム暮らし
HamGurashi Report
レポート
めぐまげさん宅

ハム吉ちゃん

マイペースな箱入り息子くん

ゴールデン派の奥さんと、ジャンガリアン派だった旦那さん。話し合った結果お迎えしたのが、ゴールデンのハム吉ちゃんでした。ハム吉ちゃんのペースに合わせてかまいすぎずにゆっくりと距離を縮め、1か月ほどで手乗りに。専門書やインターネットで情報を集め、ハム吉ちゃんにとって最高の環境を与えようとがんばる旦那さん。愛情とこだわりがつまったハム吉ちゃん家が見どころです。

Profile

ハム吉
ゴールデン（ノーマル）
7か月、オス
スタイリッシュなケージが似合うイケメンハムスター。好きなものは乾燥バナナ。

後ろ姿も
イケメンでしょ

ハム吉のケージ

水槽タイプの2階建。トンネルで1階と２階を行き来しています。

オーダーメイドの巣箱。廊下を挟んで左が寝床、右がトイレ。ハム吉ちゃん、しっかり使い分けています。

お菓子の筒がハム吉ちゃんの体にぴったり！トンネルとつなげています。

寝ている間でも起こさずにトイレの掃除ができるよう、寝床とトイレの屋根はセパレートタイプ。

ごはん

主食 メインはハムスター用ペレット。副食として野菜も少し与えます。

おやつ おやつは特別なごほうびとして。左から乾燥豆腐、パイナップル、ムギ。

散歩

手乗りになる前に使っていたビンで安全に移動。自らビンに入ります。

大好きなトンネルに夢中。にょきにょき楽しい～！

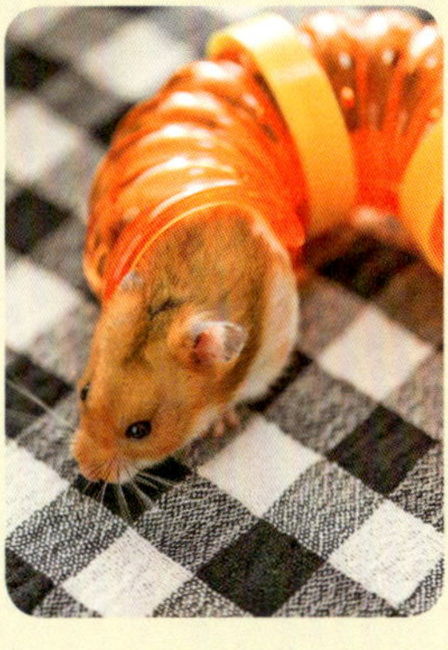

留守番中は監視カメラで安心

ハム吉ちゃんだけでお留守番するときは、携帯が監視カメラとして大活躍。下のようにチェックできます。

掃除中はキャリーで待機

ケージの掃除中はキャリーで待機。床材を敷きつめた中でのんびり過ごします。散歩をするときもあります。

ハム暮らし
HamGurashi Report
レポート
佐々木さん宅

ビリーちゃん・ボーロちゃん

ビビリなビリーちゃんと お菓子みたいなボーロちゃん

小学生のころにゴールデンのノーマルを飼っていた奥さん。「キンクマをお迎えしたい！」と向かった2回目のペットショップで、ブタさんのようにクルンとしたしっぽのビリーちゃんに一目ぼれしたそう。ビリーちゃんが成長して、使っていたケージが小さくなったため水槽にお引っ越し。そのお古のケージにやってきたのがボーロちゃん。「お嬢」とも呼ばれる、アイドル的存在です。

Profile

ビリー
ゴールデン（キンクマ）
1歳2か月、オス
ちょっぴりビビリ。初物に目がない。取材の日は今年初スイカでした。

ボーロ
ジャンガリアン（イエロー）
4か月、メス
丸まった姿がまさにお菓子そのもの。乾燥コーンが大好き。

ビリーのケージ

床材はケアペーパーを使用。給水ボトルの下には、通気性をよくするためのわらマットを設置。

巣箱
回し車
給水ボトル
トイレ

トイレとお風呂を兼用。砂が少なくなったらお風呂砂を足して調整。

ボーロのケージ

ビリーちゃんのお古。トイレが苦手なため、ケージの3分の1をトイレスペースに。

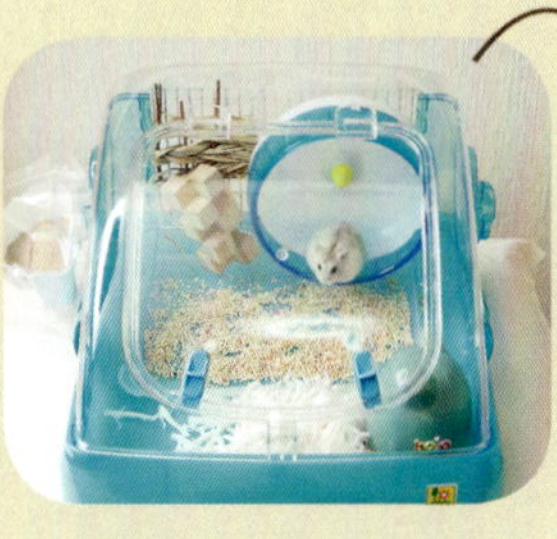

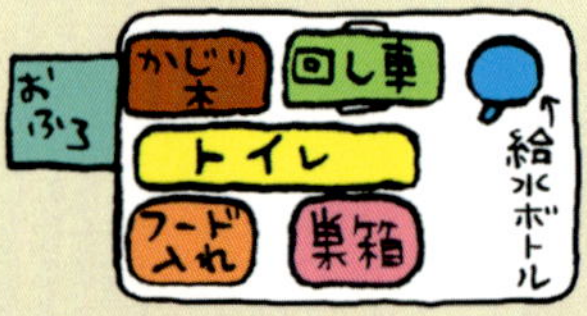
おふろ
かじり木
回し車
トイレ
フード入れ
巣箱
給水ボトル

カリカリカリカリカリ…

健康チェック

おしりや、爪などの細かいところはプラスチックケースに入れてチェックします。気になることがあれば獣医師さんにすぐ相談。

ごはん

主食 ペレットと野菜の組み合わせ。右はビリーちゃんのごはん。野菜は季節のものをあげることが多いそう。

おやつ 奥左から時計回りで、穀物、ドライフルーツ、乾燥豆腐、ヒマワリのタネ、カボチャのタネ。

散歩

ケージの掃除中がビリーちゃんの散歩タイム。お手製サークルの中で。

回し車やおもちゃをサークルの中に入れて、思う存分運動！

わたしはここで
お掃除待ち

ハム暮らし
HamGurashi Report
レポート
永原さん宅

ハミィちゃん

Profile

ハミィ
ジャンガリアン
(ブルーサファイア)
1歳2か月、メス
ナッツの気配を察知する速さはハム界1。

アスレチックな家で悠々自適な生活

ケージをのぞいてびっくり！　遊び場が充実していて、まるでアスレチックのよう。ハムスターを飼うのは3匹目というベテランの奥さんと、器用な旦那さんとのコラボハウスです。スペースも広く、運動はケージの中だけで十分そう。

どんなに夢中で遊んでいても、食いしんぼうのハミィちゃんはごはんの「カサカサッ」という音に俊敏に反応。おいしそうにごはんを食べる姿が、永原さん家族にとって何よりの癒しだそうです。

ハミィのケージ

衣装ケースを利用。遊び場になっている巣箱が4つ、回し車が2つという、アスレチックのようなハミィちゃんハウス。

ハムスターの習性に基づいてティッシュ箱で作った手づくり巣穴。

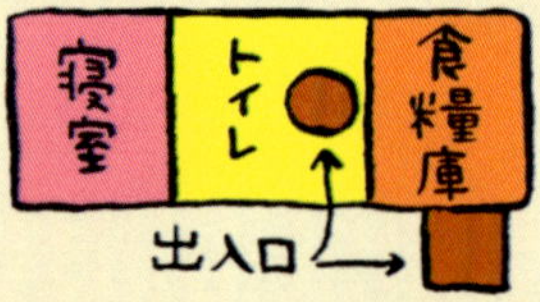

ごはん

主食

ハムスター用フード。腸の働きを整える乳酸菌を2～3粒添えます。おなかの調子はバッチリ！

おやつ

大好物のヒマワリのタネやナッツ類は、健康を考えて週に1回だけの特別なおやつ。

お気に入りのおもちゃ

アメリカで流行していると噂の円盤タイプの回し車！　こちらと普通タイプのもの、どちらも乗りこなしています。

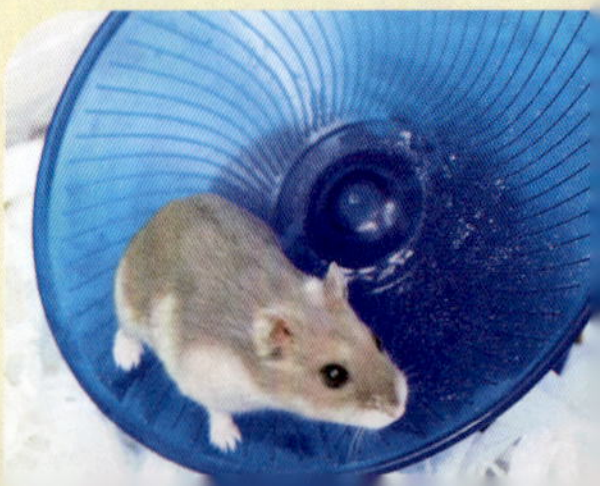

Part 4

ハムスターと仲よくなろう

スキンシップ

嫌われないことが大切

ハムスターと仲よくなるには、ハムスターがいやがることをしないこと。これが、信頼関係を築くコツです。

焦らずゆっくりと距離を縮めていこう

外敵が多いハムスターは、もともと警戒心が強く、臆病な性格です。飼い主さんが敵ではないことを理解してもらうには、少しずつ距離を縮めて信頼関係を築くことが大切です。一度でも「この人は敵かもしれない！」と思われてしまうと、なかなかその印象を変えられないので、ハムスターが怖がることをしないように心がけましょう。

さわってよいところ、いやなところ

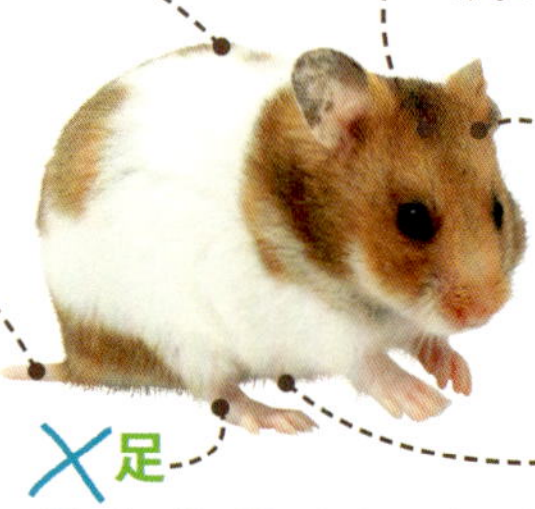

◎背中
額から背中にかけて、毛並みにそって優しくなでましょう。

◎額
前から後ろに向かって、目を傷つけないようにさわって。

×耳
重要な器官。引っ張ったり強く押したりしないで。

×しっぽ
とても敏感で引っ張られると痛いので、さわらないで。

×足
軽い力で引っ張っただけでもケガをするおそれがあります。

×おなか
ハムスターの急所。さわると威嚇されることがあります。

ハムスターが苦手なこと・もの

大きな音

突然の大きな音にびっくりして失神してしまう子も。ドアの開閉音や、大声などに注意しましょう。

バタン！
ドキッ

におい

嗅覚が鋭いので、香水などの強いにおいは苦手。消臭剤で自分のにおいを消されるのもストレスになります。

ほかの動物

にゃ〜

ふだんはおとなしい動物でも、ハムスターをおそう可能性があるので要注意。ほかの動物のにおいだけでも警戒します。

かまいすぎる

さわられることに慣れているハムスターでも、長時間かまいすぎることはストレス。「1日15分まで」など上限を決めましょう。ケージの外からようすをじ〜っと観察することもやめてあげて。

睡眠中にじゃまをする

ハムスターが寝ている時間に掃除などのお世話をすることは控えましょう。睡眠をじゃまされることはストレスになります。飼い主さんの都合ではなく、ハムスターの生活リズムに合わせて。

すばやい動き

ハムスターの敵である猛禽類やイタチを想像させます。スキンシップやお世話のときには、ゆっくりとした動きを心がけて。ハムスターを怖がらせないように気をつけましょう。

⚠注意

食べ物の扱い方に注意

ハムスターがケージを引っかく、金網をかじるなどの困った行動をしたときにおやつなどで気を引くのはNG。「こうするとおやつがもらえる」と学び、何回もくり返すようになります。

こうすれば
ごはんくれるでしょ？
ガジガジ
ガジガジ

スキンシップ

正しい持ち方

ハムスターを手で移動させるときは安全第一。
落としてしまわないよう、正しい持ち方で安全に運びましょう。

ハムスターが安心できるよう正しく安全に持とう

ふだんのお世話や、動物病院へ連れて行くときなど、ハムスターをケージから移動させなければならない場面はたくさんあります。そのときに無理やりつかまえて持つと、飼い主さんや、人の手を嫌いになってしまう可能性が。ハムスターが安心できる正しい持ち方をすることが大切。手で持つことに慣れれば、お世話がグンと楽になります。

CHECK

NGな持ち方

☑ 上や後ろからつかまえる

ハムスターが手を確認する前に、背後や上など見えない位置からつかまえると、敵につかまったと思い込みパニックを起こします。必ず見える位置から手を出して。

☑ 力強くにぎる

逃げるのが怖いからとぎゅっとつかむのは、ハムスターにとって痛いだけ。手を嫌いになります。

☑ 体の一部を持つ

足やしっぽなど、体の一部だけをつまんで持つのはNG。脱臼や骨折などのケガにつながります。

正しい持ち方

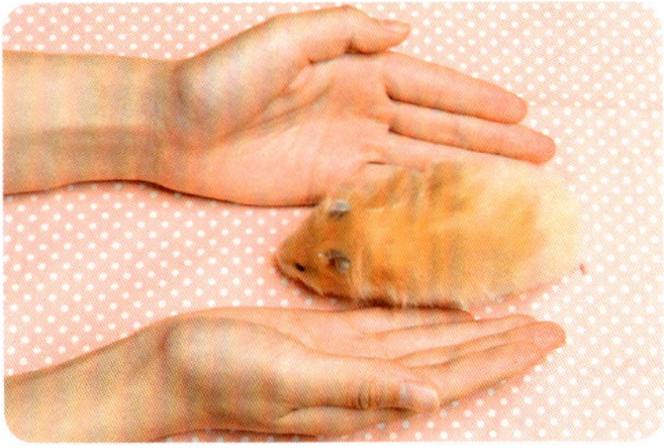

1 名前を呼び手を出す

ハムスターの名前を呼んで、注意をひきます。その後、ハムスターの見える位置からゆっくりと手を差し出して。

2 両側から両手を近づける

ハムスターがこちらに向かっているときに、両側からゆっくりと両手を近づけます。すくうようにそっと持ち上げましょう。

3 両手で優しく包むよう持ち上げる

ハムスターの体をそっと包むように持って、そのままゆっくり移動します。移動先についたらゆっくり手を解放して。

手に持っているときは絶対に目を離さないで

腕を登ろうとしたり、手の隙間から抜け出そうとしたりする子がいます。手で持っているときは、絶対に目を離さないようにしましょう。高い位置で持つときは、落下しないよう慎重に。

スキンシップ

手が嫌いな子は

種類や性格によっては、どうしても人の手が苦手な子がいます。
道具を使ってじょうずに接しましょう。

手が嫌いな子は無理に持たないで

種類や性格によって、人にさわられることや持たれることが苦手な子もたくさんいます。無理に持とうとすると、逃げ出そうと暴れてケガをしてしまったり、飼い主さんへ恐怖心をもってしまったりする危険性が。無理はせず、道具などを使ってじょうずに接しましょう。道具のほうが手よりも安全な面もあります。ハムスターに合った接し方を心がけて。

ハムスターに合った運び方を探そう

家にあるいろいろな道具を使って、ハムスターが安心できる移動方法を探しましょう。

● 口の細いビン

穴を通るのが好きなので、喜んで自ら入ってくれる子も。

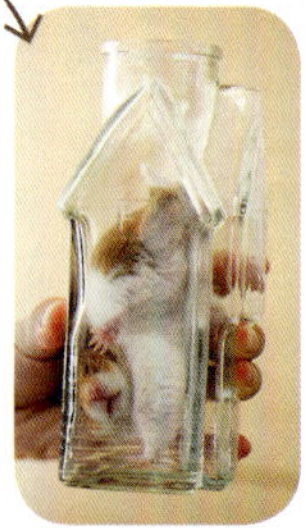

● お鍋

● トイレットペーパーの芯

芯に入ったら、両側の出入り口を手でふさいで移動させます。

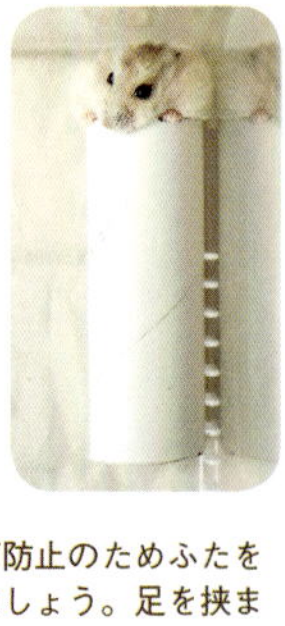

落下防止のためふたをしましょう。足を挟まないよう注意。

コップを使った運び方

1 目の前にコップを置く

コップを倒して、ハムスターの目の前に置きます。ハムスターが入るのをゆっくり待ちましょう。

2 タオルを使って追い込む

なかなか入らない場合、タオルを使っておしりのほうから誘導します。押し込むとびっくりするので、優しくふれる程度に。

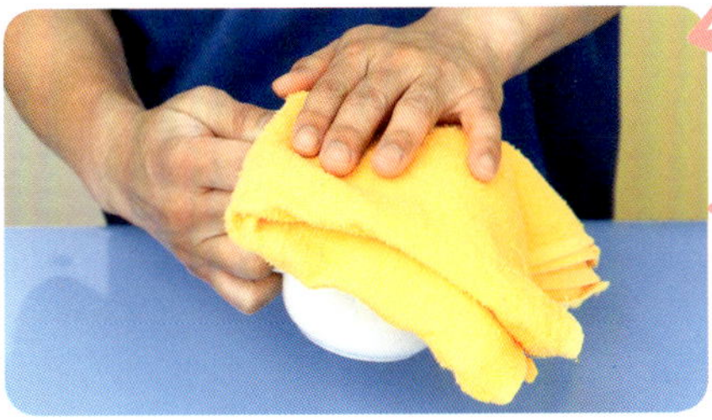

3 タオルでふたをして移動

ハムスターが入ったら、ゆっくりとコップを起こします。飛び出さないよう、タオルでふたをしましょう。

4 ゆっくり倒して出す

目的地についたら、ゆっくりとコップを倒してハムスターを出します。勢いよく倒すとケガをすることがあるので注意。

巣箱から出てこない子は……

外が苦手な怖がりさんは、巣箱にこもってしまいがち。その場合は巣箱ごと移動させるのがおすすめ。屋根や底が外れるタイプの巣箱なら、ハムスターを外に出しやすいのでもしものときも安心。

スキンシップ

手乗りにしよう

手乗りになれば、お世話もしやすくスキンシップも増えて楽しさが倍増すること間違いなし。ハムスターのペースに合わせて練習しましょう。

少しずつ練習すれば お世話がグンと楽に

手に慣れて、ハムスターが自分から手に乗るようになれば、毎日のお世話や動物病院での診療など、あらゆる面で楽になります。また、スキンシップも増え、ハムスターとの暮らしがますます楽しくなるはず。焦らず時間をかけて、少しずつ手乗りの練習をしましょう。

ただし、ロボロフスキーなど臆病な種類やその子の性格によっては手乗りが難しい子もいるので、無理は禁物です。

CHECK

手乗りになるとこんなに役立つ！

健康チェック

全身をさわって、しこりなど異変がないかくまなく観察することができます。

病院での診療、治療

手乗りになっていることで、落ち着いて触診や治療を行うことができます。

マッサージ

背中を毛並みにそってなでてあげるとマッサージの効果があります。

ブラッシング

さわられることに慣れると、ブラッシングもいやがらずにスムーズにできます。

手乗りのしかた

1 手からフードをあげる

指でフードを持ち、ハムスターに食べさせます。飼い主さんのにおいを覚えてもらいましょう。

2 手の先にフードを乗せて待つ

手を広げて指の先にフードを乗せ、ハムスターが自分から食べにくるのを待ちます。こわがらずに近づいてくれたらあと一歩。

3 手の奥のほうにフードを置いて待つ

だんだんとフードの位置を奥に移動させます。ハムスターが自分で手に乗って歩いてくるまで待ちましょう。

4 食べ終わるまでじっと待つ

手の上でフードを食べはじめたら、手に慣れてきた証拠。食べ終わるまでじっと待ちましょう。フードを追加しても◎。

point

手乗りにするコツ

慣れたら
食べ物なしで
挑戦

＊1～4をくり返す

1日に数回練習をするのがおすすめ。食べ物のあげすぎに注意し、くり返し行いましょう。

＊いやがったらやめる

個体によっては、手乗りが苦手な子も。さらに手を嫌いにならないよう、無理は禁物です。

お散歩

部屋で散歩させよう

部屋の環境を整えて、ハムスターを散歩させてあげましょう。
運動不足解消にもつながります。

危険物を取り除き、安全第一で散歩させて

動き回ることが大好きなハムスター。ケージから出して散歩させてあげましょう。散歩をさせるうえでいちばん気をつけたいのが安全面。危険なものをすべて取り除き、脱走しないよう戸締まりを確認したうえで散歩させましょう。

また、一度でも部屋を散歩させると、ハムスターはそこを自分の縄張りだと認識します。一度散歩をさせると決めたら毎日行うことが大切です。

ハムスターボールや首輪、リードは使わない

透明なハムスターボールは、ハムスターが自分で止まることができずパニックになり、壁に激突する事故が多発しています。首輪やリードも窒息の原因となるので、できるだけつけないで。

散歩中に気をつけたいこと

● 目を離さない

脱走してしまったり、どこかすき間に入り込んで迷子になってしまう可能性があるので、散歩中は絶対にハムスターから目を離さないで。

● 食べ物をあげない

ハウスよりも外がいいと思ってしまう可能性が。散歩中のおやつは控えましょう。

● 時間を決める

部屋を1周したら、散歩として十分。長くても30分までにしましょう。物足りなさそうにしていても、明日の楽しみとしてとっておいて。

● ドアが開かないようにする

ドアや窓は、散歩中に開かないようにしっかりと施錠して。家族の人がいきなり開けないように、散歩タイムは事前に告知しておくと安心。

部屋の安全確認

家具のすき間をふさぐ

棚や本棚のすき間などは、ハムスターが思わず入りたくなってしまう場所。本や布でふさぎましょう。

花、観葉植物は片づける

植物のなかにはハムスターに有害なものが。散歩中に間違って口に含まないよう、片づけましょう。

窓をロックしてカーテンを床から離す

脱走しないように窓を施錠。カーテンをよじ登って落下する事故が多いので、登れないよう床から離して。

床に危険なものを置かない

細かい小さなものこそハムスターには危険。すべて排除して。

- ×ガビョウ
- ×ビニール
- ×輪ゴム
- ×薬品
- ×殺虫剤

カーペットの下にもぐらないように

めくれないようテープで貼るなどの工夫を。

コード類は届かない位置に

かじると感電の危険性があるので、壁に貼るなど届かない位置に固定して。

サークルを使うのも◎

ダンボールなどをサークルにし、散歩スペースをつくるのもおすすめ。危険なものがないので、安心して散歩させられます。

散歩が終わったら

体のチェック

散歩が終わったら、体に異変がないか全身をチェックしましょう。

●ケガはしてない？

動きが変だな、と感じたら、ケガをした可能性が。動物病院へ行きましょう。

●ほお袋に何か入れていない？

散歩中に何か口に含んでしまうことがあるので、ほお袋がふくらんでいないかチェック。

別荘がないかチェック

散歩中に見つけた居心地のいい場所に、口に入れておいた床材やごはんなどを集めて別荘をつくりはじめることがあります。部屋の点検をし、別荘をつくっていたら片づけましょう。

CHECK

安全第一

まさかの事故に気をつけて

☑ 高所から落下し骨折

足場があれば高い所でもかんたんに登ることができるので、足を滑らせて落下する事故が多発します。

☑ 同居ペットにおそわれる

ふだんは問題なく過ごしていても、いきなり野生のスイッチが入りハムスターをおそうことが。

☑ 人の飲み物でやけど

コップなどに落下してしまいやけどをすることも。人には適温でも、ハムスターにとっては高温です。

もしも迷子になったら

戸閉まりを確認してふまないよう捜索

まずは部屋から脱走をしている可能性がないか確認しましょう。気づかずにふんでしまう可能性があるので、足もとを確認しながらゆっくり捜索して。

毎回通る道で待つ

ハムスターは同じ道を通る習性があります。いつもの道で待ち構えれば、きっとあらわれるはずです。

好きな物でおびきよせる

大好物のにおいにつられてやってくるかもしれません。

昼がだめなら夜に再捜索

昼に迷子になったときは、もしかしたら寝ているのかも。夜になると動きはじめるので、夜を待って再捜索するのも手です。

COLUMN
ハムコラム

「たまに出す」は「脱走グセ」をつけやすい

ハムスターがケージから脱走するのは、ただ単に自分の縄張りをパトロールしたいだけ。「たまに出す」はいちばんのストレスになります。一度外に出すと決めたなら、できるだけ毎日同じ時間に散歩をさせるよう心がけましょう。

ハム遊び

ハムスターの遊び

散歩だけでなく、ケージの中でもおもちゃを使って遊ばせましょう。
習性を利用した遊びならハムスターが夢中になるはず。

走ったり、穴を通ったり 野生を思い出す遊びが大好き！

ハムスターにとっては「遊び」の感覚ではないかもしれませんが、習性にもとづいた遊びは野生の本能を刺激して、きっと満足感を与えてくれるはず。「走る」「掘る」「穴をくぐる」という３つの習性をいかして、おもちゃを使って遊ばせましょう。おもちゃを選ぶときは、安全なつくりか、かじったりなめたりしても大丈夫な素材かをよく確認して。

COLUMN
ハムコラム

野生のハムスターは毎晩 20～30㎞走る

「そんなに走り続けて疲れないの？」と心配してしまうほど、回し車でひたすら走るハムスターですが、心配はいりません。野生では毎晩数十㎞も走り続けているので、まったく疲れないのです。一晩中走り続ける子もたくさんいます。

ハムスターが好きな遊び

回し車

定番の回し車。運動不足解消にもってこいです。体格にあったサイズの回し車を選びましょう。

トンネル

野生時代の巣穴を連想させます。長すぎるといざというとき取り出せないので、短めのもので遊ばせて。

砂遊び

おふろ代わりの砂浴びですが、砂の上で体をゴロゴロ転がるだけでも気持ちよくて楽しいみたい。

穴掘り

野生で地面を掘っていた名残りからか、穴掘りが大好き。床材を多めにして、思う存分穴掘りをさせましょう。

かんたん手づくりおもちゃ

市販のハムスター用おもちゃを購入しなくても、わたしたちの身近にあるものがおもちゃに大変身。

お菓子のケースのトンネル

筒状のものならなんでもトンネルになります。サイズがぴったりなものを探しましょう。

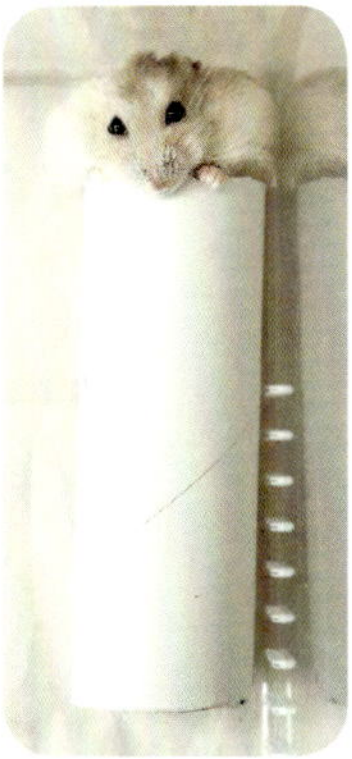

トイレットペーパーの芯のトンネル

紙製なので噛んでも大丈夫。汚れたら取り替えられるので、衛生面でも安心です。おもちゃ用に芯をためてみては？

ダンボールのおうち

かじっても安全なダンボールを利用していろんな仕掛けのおもちゃをつくってみましょう。

COLUMN
ハムコラム

ハムスターの隠れた才能

見た目は小さいハムスターだけど、ミリョクはたっぷり。人間顔負けの、優れた性質や特技をたくさん持っています。

仲間どうしは超音波で交信

多くのネズミの仲間と同じく、ハムスターは超音波を使って仲間と交信するといわれています。近い分類のマウスは、発情期のオスがメスを口説くために超音波のラブソングを歌うそう。もしかしたらハムスターもラブソングを口ずさんでいるのかも？

ほお袋にはヒマワリのタネが100個入る

耳の下から肩のつけ根あたりまであるほお袋は収納力バツグン！　ヒマワリの小さなタネなら、ジャンガリアンは左右に30個ずつ、ゴールデンなら左右に50個ずつ、計100個も入れちゃう子がいるのだとか。

回し車でグルグル回っても酔わない！

勢いをつけすぎて、回し車といっしょにグルグルしていること、よくありますよね。人間ならひどく酔いそうですが、ハムスターは平衡感覚をつかさどる三半規管が優れているので、目が回りにくいのです。

Part
5

ハムスターのキモチ

ハムゴコロ

ハム語辞典

言葉がなくても、しぐさからハムスターのキモチがわかります。
ハム語をマスターして、さらに絆を深めましょう！

あれなに？

目を見開いてジーッと何かを見つめているときは、気になる音やにおいのする方向を見て、正体を探ろうとしています。見つめながら物体に近づくときは、「これ、いいものかも……？」というポジティブなキモチ。

探索中!!

鼻をヒクヒクしながらまわりを探索。ハムスターの嗅覚はとても優れているので、食べ物、異性、敵……どんなにおいでも嗅ぎわけられます。

万能レーダーだよ

鼻と同じく、ヒゲも万能なレーダー。鼻が動くといっしょにヒゲも動きます。風の方向もわかるほど敏感だとか。絶対にヒゲを切らないでね。

なになに？

気になる音がしたとき、耳をピンと立てて発信源を探ります。人間が聞き取ることができる音は2万ヘルツまでですが、ハムスターは7万ヘルツと、優れた聴覚をもっています。野生では、地上の敵の足音を地中で聞き取っているというスゴ腕。とても敏感なので、大きな音で失神することもあります。ドアの開閉音や声の大きさに気をつけて。

怒ったぞ！

耳を反らせて後ろに向け、こちらに向かって口を開くのは、威嚇の体勢。後ろ足で立ち上がったら怒りMAX。うかつに手を出すと噛みつかれるので、落ち着くまでそっとしておきましょう。耳を後ろにしているだけのときは、警戒しながら相手の出方をうかがっています。「それ以上近づいたらケンカするぞ！」と軽く威嚇しているのです。

ここは安全～♥

「ここは敵がいないから、警戒する必要なし！」と耳をぺたんと寝かせ、リラックスモードに。寝ているときや寝起きによく見られます。臆病な子の場合、人間が首をすくめるのと同じように、こわがって耳を倒してしまうことも。

やめて！

ふだん鳴かないハムスターが鳴くのは、かなり感情が高ぶっているとき。「ジジッ」と短く鳴いたら、「こっちに来るな」「やめて」という恐怖や不快感のキモチを表しています。さわろうとしたときに鳴かれたら、さわらずそっとしておいて。

こわい!!

「キーキー」という鳴き声は、「ジジッ」よりも恐怖の度合いが高まったときに出ます。ひどい痛みを感じたときや、警戒心でパニックになり「なんだ？　来るならかかってこいよ！　攻撃するぞ！」と相手を激しく威嚇するときに鳴きます。そっとしておきましょう。

それ以上くるな！

急所のおなかを見せながら、ジタバタして「キーキー」鳴いているのは、「降参だよ〜。でもこれ以上近づくならケンカするぞ！」という意味。おなかを見せて敗北を表しつつも、必死に抵抗している状態です。ちなみにハムスターは足が短いのでなかなか起き上がれません。

おいしいのほしい

食べ物を貯めこむ習性があるので、とりあえずほお袋に入れるはずなのに、フードを「いらない」とするのは、おいしいものだけを選り好みはじめている証拠。好きなおやつばかりではなく、主食のペレットをきちんと食べさせましょう。

逃げなきゃ！

ほお袋に貯めていた食べ物をすべて吐き出すのは、「逃げなきゃ死んでしまう！」と命の危険を感じているとき。できるだけ身軽にしようとほお袋を空っぽにします。警戒しているハムスターにさわったり、動物病院での診療台に乗ったりしたときにこの行動をとることが。かなり恐怖を感じている状態なので、この行動を起こしたらしばらくハムスターをそっとしておきましょう。

強いぞ！

何もほお袋に入れていないのに、ふくらませているのは、「ぼくは強いぞ！」のアピール。動物は相手を威嚇するときに、毛を逆立てて自分を大きく見せようとする習性があります。ハムスターも同じく全身の毛を逆立てているのですが、人間から見ると大きくなったほお袋しか目立たないのです。さらに威嚇するときは、2本足で立って体を大きく見せることも。

きれいにしなきゃ

きれい好きなことで有名なハムスター。前足をモミモミしたら、毛づくろいを始める合図。足をつかって全身を毛づくろいするのに、その足が汚れていたら意味がないですよね。ハムスターにとって毛づくろい前の重要な準備なのです。

においとろ～っと

食後に前足をペロペロするのは、前足についた食べ物のにおいを消すため。きれい好きでにおいにも敏感なので、きちんと汚れをなめてにおいをとります。そのまま毛づくろいをはじめる子も多いです。なかには後ろ足までなめちゃう、体がやわらかい器用な子も！

ヒゲは念入りに……

「洗顔しているの？」と思うくらい顔を一生懸命ゴシゴシこするしぐさ。とてもかわいいのでファンの人も多いのでは？これ、じつはヒゲのお手入れタイム。ヒゲは周囲の状況を把握する大切な器官なので、感度が落ちないよう、汚れが少しでも残っていないように気を遣っています。

遠くまで警戒中！

後ろ足で立ち上がるのは、遠くのほうに気になる対象があるとき。耳の位置を高くして、より遠くの音を拾おうとしているのです。よく観察すると、鼻とヒゲもヒクヒクさせているはず。対象に警戒しているサインですが、ただ単に興味があるだけのこともあります。

敵はどこ!?

2本足で立ちながらキョロキョロしているときは、気になるにおいや物音の発信源がわからず、「この正体はどこにいるの？」とあたりを見回して探している最中。警戒しつつ、いろいろな方向に耳と鼻、ヒゲを向けることで、対象物の方向を定めようとしています。

慎重に……

用心深いハムスターは、はじめての場所では地面に体を近づけにおいを嗅ぎ、ゆっくり歩きながら周辺に敵がいないか慎重に調査をします。ジャンガリアンはおなかの臭腺からのにおいが地面につくので、においを嗅げば、一度通った安全な道かどうかがわかります。

石です……

敵から逃れるため、ピタッとかたまって風景と同化する術。ハムスターには動体視力が優れた敵が多いため、危険を察知した瞬間に動きを止めることで敵を出し抜きます。何かを見てかたまっていたら、それに恐怖を感じているのかも。本人は石になったつもりなので、そっとしておきましょう。

逃げる準備……

お手のようなポーズでかたまることも。前足を片方上げているのは、いざというときにすぐ逃げられるよう、スタートダッシュの準備をしているのです。じっとかたまりつつも耳や鼻をたえず働かして、状況を読み取っています。「お手して〜」の意味ではないので、さわらないで。

大変だ！

危険を察知したら、石のようにかたまるハムスターですが、「かたまっていても危険だ！」と判断すると、目を大きく見開いて猛ダッシュで逃げます。遊んでいる最中にいきなり全速力で走ったときは、何かに恐怖を感じた可能性が。

落ち着く～

背後から敵におそわれる心配がないすみっこスペースは、ハムスターが大好きな場所。後ろを警戒しなくてよい安心感から、いつもケージのすみっこにいる子も。反対に、ケージの真ん中でおなかを出して無防備にごろごろする子は、きっと野生では生きていけません。

のんびり～

いいことあるでしょ？

ケージをかじったりゆらしたりする困ったさん。「何か不満があるのかな？」と思いがちですが、「こうすればいいことしてもらえる」と計算して行動をする子がいます。一度でも促されるままおやつをあげたりした場合、それに味を占めて困った行動をくり返すようになります。

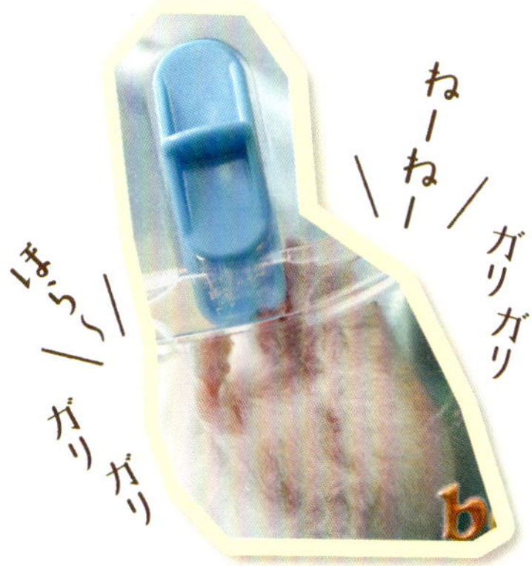
ねーね
ガリガリ
ほら～
ガリガリ

リラックス～♥

おしりを床につけて座っているのは、完全にリラックスをしている証拠。すぐに逃げ出せない体勢なので、警戒心ゼロの状況でしかぺたりと座りません。飼い主さんの前でこんな風に座ったら、心の底から信頼しているということ！

ぺたり

暑いよ〜

仰向けになって寝ているハムスター。「なんて無防備なの……かわいい！」と思うかもしれませんが、暑いのかも。体を伸ばしておなかを出すことで熱を発散させようとします。熱中症になる可能性があるので、適温に調整してあげて。

寒いよ……

体を丸めて寝ているのは「寒いよ〜」のサイン。熱が逃げないように体を丸め、呼吸をおなかにあてて温めています。暑さと同様、寒さも大敵。10℃以下になると冬眠状態に入り、そのまま死んでしまうことも。丸まっているのを見かけたら保温してあげましょう。

豆知識

☑寝姿で適温チェック

上で紹介したように、寝姿でハムスターの適温を見極めることができます。ハムスターの適温は18℃〜 22℃くらい。仰向けになっているとケージ内が22℃以上、丸まっているなら18℃以下ということ。ケージ内に温度計をつけてチェックしましょう。

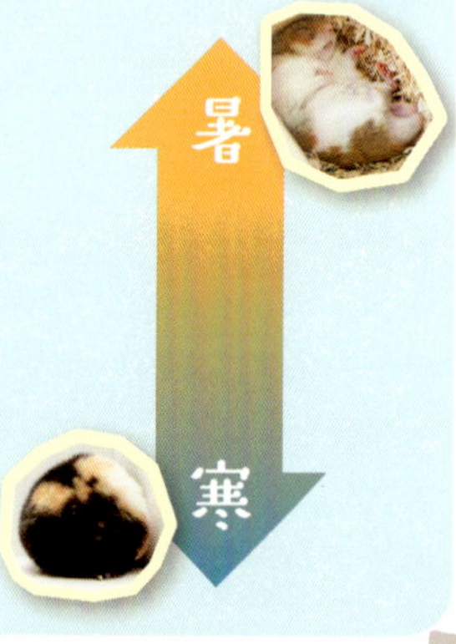

落ち着け自分！

はじめての場所で、ハムスターはしきりに毛づくろいをします。これは動物の「転位行動」という、緊張をやわらげるためのしぐさ。猫はあくび、犬は穴掘り、ハムスターは毛づくろいをすることなどで、自分を落ち着かせようとしています。

ここは天国～

おなかはハムスターの急所。どんなに暑くても危険な場所では急所を見せるわけにはいきません。仰向けになるのは、その場所が安全だとわかっているから。暑くもないのに飼い主さんの前でおなかを見せてゴロゴロしていたり、眠っていたりする場合は、「飼い主さん＝絶対に安全」と信頼している証拠。なかには飼い主さんの手の上で仰向けになっている子もいるそう……。

敵いない……？

どんなに暑くても、警戒している場所ではおなかを守り、丸まった体勢に。寝ているときも、何か不穏な動きがあればすぐに逃げ出せるように、浅い睡眠状態でこの体勢を保っています。それだけおなかは重要な場所なので、絶対にさわらないで。飼い主さんになついていて、仰向けで寝ている子でも、おなかをさわるととたんに起きて威嚇し、噛みつくことがあります。

パトロールするよ～

「なにか不満があるから脱走しちゃうの？」と悩んでしまうハムスターの脱走グセ。不満があるわけではなく、ただ単に自分の縄張りのパトロールをしたいだけです。一度でも部屋を散歩させると縄張りだと認識するので、出すと決めたら毎日出してパトロールさせましょう。

出口どこ？

ケージの天井をうんていしながら、縄張りのパトロールをするために出口を探し中。パトロールへのこだわりはとても強く、プラスチックの壁をかじって破り、抜け出そうとする強者もいます。うんてい中に天井から落下する事故が多いので、登れないような工夫を施しましょう。

ここ縄張りね

トイレでオシッコをしたあとに砂をかくのは縄張りを誇示するマーキング行動。縄張り意識が強い子は、自分のオシッコのにおいがついた砂をあちこちにまき散らすことで、「ここはぼくの縄張りですよ～」と主張しています。

発情中

そわそわ～
そわそわ～

臭腺のあたりをふだん以上に気にしてそわそわしているなら、発情期かも。発情期になると、臭腺からの分泌液が増えて、臭腺のまわりがぬれるので、そこを重点的に毛づくろいします。オスなら発情期に睾丸が腫れるのでわかりやすいです。

緊張してるの……

おもらししちゃった

何かに緊張していたりストレスを感じていたりするときは、トイレのしつけができている子でも、トイレ以外でオシッコをすることが。いろいろな場所に自分のにおいをつけることで安心しようとしているのです。不安要素を取り除き、安心できる環境をつくってあげましょう。

外こわいよ

ジョー…

巣箱のなかでオシッコをしてしまうのは、外に恐怖心をもっている子。もともとハムスターは寝床でオシッコをしないので、環境に慣れれば巣箱以外でオシッコをしてくれるはず。どうしても巣箱をトイレにしてしまう場合は、巣箱を別に用意してあげるのも手です。

気持ちぃ〜

トイレ砂の上で転がって遊ぶハムスター。砂遊びは本能でやってしまうもの。砂浴び専用の場所をつくっても、ハムスターには違いがわかりません。トイレの砂はいつもきれいにして、温かく見守りましょう。

たまらん〜

この味何？

飼い主さんの手をペロペロするのは、「これは何？　いつものごはんと味がちがうぞ！」と気になってなめているだけ。人の肌には皮脂や塩分がついているため、ハムスターにとって新鮮な味なのでしょう。ちなみに、ハムスターは草や木の実の味にとても敏感。人間が食べてもあまり味がしないキャベツなどの野菜でも、ハムスターはきちんと味がわかります。

ちょっと
しょっぱい
かな

運んでね

親ハムスターは子ハムスターの首の後ろをくわえて持ち運びます。そのため、ハムスターは首の後ろをつかまれるとじっとする習性が。同じように人が首の後ろをつかむと、「運んでもらえる！」と思ってじっと待機しているのです。ただし、長時間持つのはストレスなので注意。

ママ
ありがと

敵かと思った！

ハムスターが噛むのは、自分の身を守るため。積極的に相手を攻撃しようとはしない動物です。噛まれたときは、あなたの動作に恐怖を感じたということ。背後や上からつかもうとすると、敵と勘違いして噛むことがあります。

甘えたいの♥

手に慣れているハムスターが、飼い主さんの手をペロペロとなめたあとに軽く噛むのは「甘噛み」です。「飼い主さん大好き～！　もっと甘えさせて～」の合図。噛まれると少し痛いですが、大切なハムスターの愛情表現なので、許してあげましょう。

豆知識

☑「噛んだらうまくいく」と思っているかも

ほとんどのハムスターは自ら攻撃しない臆病な性格。「噛みグセ」がつきやすいのは、そのなかでもとくに気の弱い子です。噛みグセがつくきっかけの多くは、お迎えしてすぐのころに、飼い主さんをこわがって噛みついたら、飼い主さんがあまり近づかなくなった……というケース。「噛む＝こわいものがいなくなる」と認識し、その行動をくり返すようになります。根気よく距離を縮めていきましょう。

この先には何が？

手に乗せると、上へ上へと腕を登ろうとしませんか？　地面に掘った穴を動き回っていたハムスターは、人間の腕も通路だと感じているよう。「もうすぐ地上かな？　出口はどこにつながっているのかな？」と探検している気分かも。

どれくらい来た？

回し車を走っている最中、急にピタッと止まってまわりをキョロキョロ見るのは、「どこまで来たかな？」と自分が走ってきた道を確認中。自然とちがいケージの中なので、景色がまったく変わらずに「あれ？」と思っているかも。さらに進むため、ふたたび回し車を走りはじめます。

おなかすいた〜!!

空腹が限界に近づくと、「おなかすいたー!!　早く食べ物を見つけなきゃ!!」と勢いよく回し車を走って、食糧探しの旅に出ます。食糧が見つかるまで止まらないので、いつもより興奮ぎみに走っているときは、フード入れが空っぽになっていないかチェックしましょう。

弱いところは見せないよ

弱っている姿を見せるとすぐ敵に捕食されてしまう、弱肉強食の自然界。ハムスターも本能で自分の弱みを隠そうとします。飼い主さんが見た目で「体調悪いのかな？」と気づくころには、手遅れのことが多いため、定期的に動物病院で健康診断を受けることが大切です。

豆知識

☑ハムスターは「痛点」が少ない

ハムスターは皮膚に痛みを感じる痛点が少ないため、ケガなど外からの痛みには鈍感。だから、高い所から落ちるなどしてケガをしても、本人が気づいていないことが多くあります。小さなケガが命とりになるので、毎日の全身チェックは欠かさずに、動きが変だと思ったらすぐ動物病院へ。ちなみに内臓の痛みはきちんと感じます。

みんないれば安心♥

ひとつの巣箱にみんなで眠るロボロフスキー。「せまくないの？」と心配になりますが、とても臆病な性格なので、ぎゅうぎゅうにくっつくことで安心しているのです。ほかの種類は、集団でいるのは子どもまで。おとなになるとひとりを好みます。

COLUMN
ハムコラム

ハムスターの感情

人間ほど複雑ではありませんが、ハムスターにも感情があります。基準は「安全」か「危険」か。安全なら安心しますし、危険を察知すると警戒体勢に入ります。野生、ペットのハムスターに共通した心理です。

安全＝安心

ハムスターが「ここは安全だ！」と思うのは、敵がいなくて、きれいで、食べ物がたっぷりある状況。少しでも危険を感じるものがあると、警戒態勢を解きません。ハムスターが急所のおなかを見せられるくらい、安心できる居心地のよい環境を整えてあげましょう。

危険＝警戒

警戒心がとても強いハムスターは、少しでも不審な音やにおいがするだけで「ここは危険かも。警戒しなきゃ！」と身構えます。パニックになるとキーキー鳴きながら暴れることも。飼い主さんが敵だと勘違いされないよう、ハムスターがいやがることをしないように気をつけて。

Part 6

ハムスターの健康

健康管理

動物病院に通おう

**大切なハムスターには健康で長生きしてほしいもの。
そのためには、定期的に動物病院に通うことが大切です。**

病気にならないために動物病院へ行こう

ハムスターはもともと弱みを隠す性格。そのうえ病気の進行がとても早いので、「病気かも」と見た目でわかったときには重症のケースがほとんど。早期発見のためには定期的に病院に通うことが大切です。健康なときから診てもらっていれば、病気になったときも対処しやすく、またハムスターも獣医師に慣れることで治療をスムーズに行うことができます。

動物病院の選び方

触診をしてくれる

目で見るだけでなく、体全体をさわって異常がないかの診断は必須。

治療の方針を説明してくれる

どのような症状で、どのような薬を使って治すのか、薬のメリットとデメリットをきちんと説明してくれる獣医師なら信頼できます。

治療・オペができる

健康診断だけで、治療やオペをしてくれない動物病院もあります。病気になったときに回復まで面倒を見てくれるところが心強い。

治療費が明朗

動物には保険がないため、治療費はすべて飼い主さんの負担。お金について相談しやすい獣医師だと安心。

動物病院への連れて行き方

持ちもの

話せないハムスターに代わって、飼い主さんが正確に症状を伝えることが大事。診療に役立つものを持参すれば安心です。

- **お世話ノート**
  健康なときとの比較材料になります。毎日きちんと記録しておきましょう。
- **排せつ物**
  ウンチやオシッコは健康状態のバロメーター。新鮮なものがあれば持参しましょう。

その他

- いつものごはん
- 床材

など

キャリーで搬送

温度管理に気をつけ、できるだけ揺らさないように搬送します。病気やケガによって搬送方法が異なるので、獣医師に確認して。

暑いとき

タオルで包んだ保冷剤をキャリーの上に置きます。水分補給の葉ものの野菜を忘れずに入れましょう。

寒いとき

キャリーの底の一部にカイロなどの保温剤を入れ、保温剤とキャリーをいっしょにタオルで包みます。

CHECK

健康診断を受けよう

健康診断では、排せつ物の検査をしたり、体の内外に異常がないか診てもらえます。健康な状態を獣医師に把握してもらうことも大切なので、2か月に1回のペースで通うことがおすすめ。

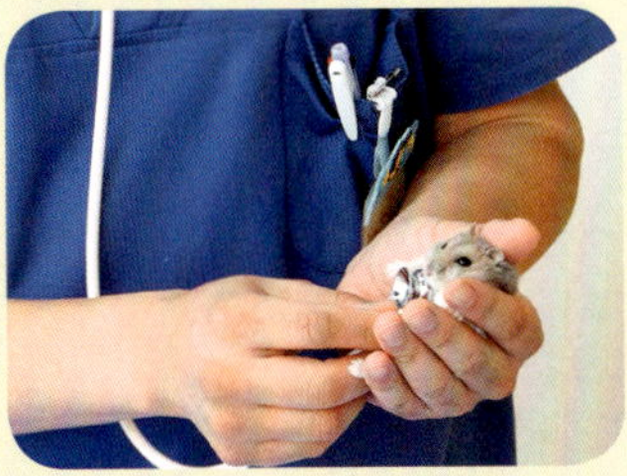

健康管理

家で健康チェック

ハムスターの異変にいち早く気づけるのは、毎日お世話をしている飼い主さんだけ。健康チェックを欠かさないで！

毎日の健康チェックで異常にいち早く気づこう

体調が悪くても隠そうとする性格のハムスター。いつもお世話をしている飼い主さんが、ちょっとした異変に気づいてあげる必要があります。食事の量、動き、さわり心地など、毎日健康チェックを行いましょう。お世話ノートに毎日記録しておけば、少しの変化にも気づけるはず。「何か変だな」と思ったら、様子見をせずに動物病院で診察を受けましょう。

健康チェックのやり方

手に乗せて全身を観察

極端に手でさわられることをいやがる子でなければ、手に乗せて全身をさわり、しこりや腫れなどの異変がないか確認をしましょう。

首の後ろを持って口まわりをチェック

歯をチェックするときは、首の後ろの皮を持って、口を開かせます。この体勢を痛がる子もいるので、チェックはすみやかに行いましょう。

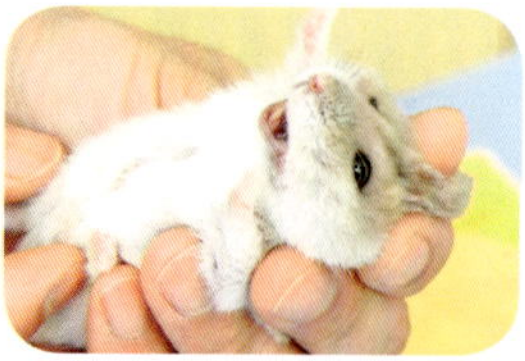

手が苦手な子は透明ケースに入れて

さわられるのが苦手な子は、透明なケースなどに入れて体全体を観察しましょう。おなかやおしりまで見ることができるのでおすすめです。

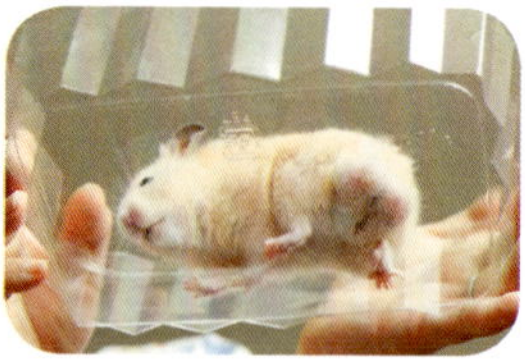

健康チェック

あてはまります？

目

- 目ヤニが出ていないか
- ふちがぬれていないか
- 白くにごっていないか

耳

- かゆがっていないか
- 外や中に傷やできものがないか

口

- 口のまわりがよだれなどで汚れていたり、変なにおいがしないか
- ほお袋が出たままになっていないか
- 歯が伸びすぎていたり、欠けていたり、曲がったりしていないか

足

- 腫れていないか
- 爪が伸びすぎていたり、欠けていたり、曲がったりしていないか

体のすみまで要チェック！

おしり

- おしりやしっぽのまわりがぬれていたり、汚れていないか
- おしりから何か出ていないか

毛・皮膚

- はげていないか
- 赤くなっていたり、黄疸が見られないか
- フケが出ていないか
- 腫れやしこりはないか

ウンチ

- 下痢をしていないか
- 血が混じっていないか
- ウンチの量はいつもと同じか

オシッコ

- オシッコの色、においはいつもと同じか
- オシッコの量はいつもと同じか

ようす

- 食欲、飲水量はいつも通りか
- 耳はつねにピンと立っているか
- くしゃみや鼻水が出ていないか
- いつも通り動いているか

ダイエット

肥満になったらダイエット

**肥満はあらゆる病気のもとになります。
ぽっちゃりハムスターは、ダイエットに挑戦しましょう！**

毎日の体重測定で適正体重をキープ

1日のほとんどをケージの中で過ごすペットのハムスターは、野生に比べて運動不足になりがち。食事の量と内容をしっかり管理しないと、肥満になるのは時間の問題です。

肥満を予防するためには、毎日の体重測定が重要。「少し太ったかな？」と感じたら、食事を見直したり、運動量を増やしたりなど生活習慣を見直しましょう。

＊適正体重のめやす

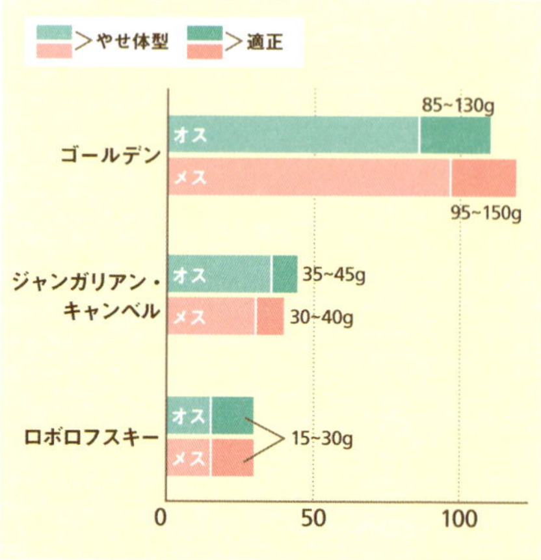
＞やせ体型
＞適正
ゴールデン
オス
メス
85~130g
95~150g
ジャンガリアン・キャンベル
オス
メス
35~45g
30~40g
ロボロフスキー
オス
メス
15~30g
0
50
100

体重の量り方

毎日時間を決めて、同じ条件のもとで体重を量ります。1g単位で測定できるキッチンスケールがおすすめ。プラスチックケースなどの容器に入れ、正確に量りましょう。動物病院でも測定してもらえます。

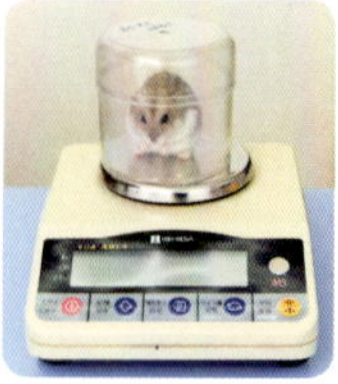

ケースに入れて量れば、じっとした状態で測定が可能。体重はお世話ノートに記録しましょう。

TANITA
切
48g
入
0表示

体重計にフードを置き、ハムスターがじっと食べている間に測定するのもひとつの手。

見た目肥満チェック

足のつけ根がたるんでいない？

足のつけ根が何重にもたるんでいる、さわり心地がプヨプヨしている場合は、足に脂肪がつきすぎている証拠。

理想体型

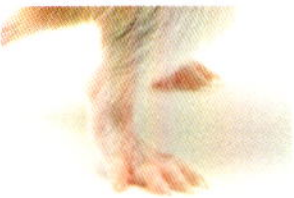

後ろ姿が丸すぎない？

わき腹にくびれがなく、おなかがふくらんで後ろ姿が丸くなっているのは肥満体型です。

理想体型

毛並みはきれい？

太りすぎると体を動かしづらくなり、毛づくろいをうまくできなくなります。毛並みが悪いときは要注意。

おなかの毛がはげていない？

太ったおなかが、歩くときに地面にあたってしまい、毛が薄くなることがあります。

ダイエット

脱ぽっちゃり

獣医師に相談して方針を決めよう

ダイエットは健康に配慮しながら、慎重に行うことが大切。体の小さなハムスターにとっては、体重が数グラム減るだけでも大きな変化です。健康的にダイエットを成功させるために、まずは獣医師に相談して、ダイエットの指示を仰ぎましょう。

1 食生活の見直し

肥満の原因の多くは、食生活にあります。高カロリーなおやつを控え、ペレットや野菜を与えるようにしましょう。

2 運動量を増やす

ケージ内に運動できる回し車などのおもちゃを設置。ケージを広くして活動範囲を広げたり、室内を散歩させたりなどの方法も。

⚠注意

自己流ダイエットは危険！

「うちの子太っちゃったかも！」といって、急激に食事量を減らしたり、運動量を増やしたりすることは厳禁。ハムスターの健康を損なう危険性があります。

ハムの病気

気をつけたい病気

ハムスターがかかりやすい病気を知り、予防と早期発見に役立てましょう。異変に気づいたらすぐに病院へ。

皮膚

ニキビダニ症

症状・原因

もともと皮膚に寄生しているニキビダニというダニが原因です。免疫力が低下すると、脱毛やフケ、かゆみを発症します。

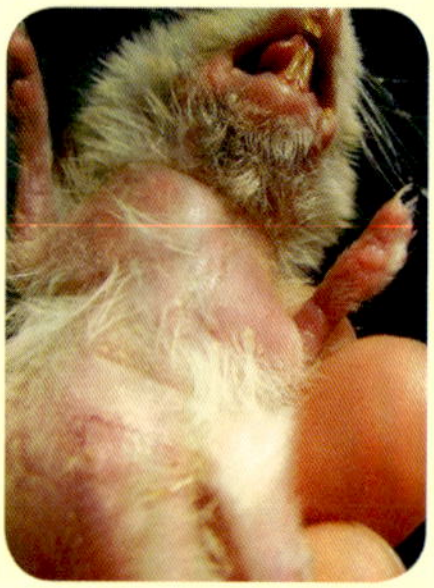

かゆみがひどくて食欲不振になり、やせてしまう子もいます。

脱毛しやすい部分

ゴールデン

ドワーフ

対策・治療

注射や飲み薬、塗り薬を用いてダニの駆除を行います。日ごろからストレスに注意し、清潔な環境とバランスのよい食事で抵抗力をつけましょう。

アレルギー性皮膚炎

症状・原因

床材や食べ物がアレルギーの主な原因。おなかや胸に脱毛、発疹が見られ、くしゃみ、鼻水などの症状も見られます。

対策・治療

かゆみ止めや抗生物質で症状を抑えると同時に、アレルギーの原因を特定して取り除くことが大切です。

真菌性皮膚炎

症状・原因

カビが原因。皮膚のかさつきやフケが見られ、かゆみを伴います。

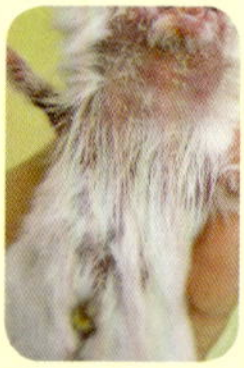

対策・治療

飲み薬や塗り薬で治療。感染するので、お世話後は手を洗って清潔に。

口・歯

ほお袋脱《ぶくろだつ》

症状・原因

ほお袋内の傷や食べ物の貯めすぎが原因で、ほお袋が腫れて膿が出たり、腫瘍ができたりして、外側に飛び出すことをいいます。

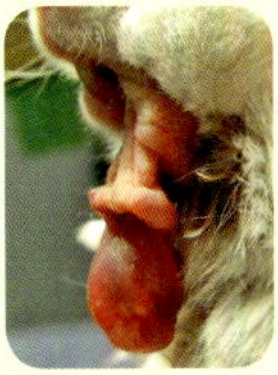
口の外に飛び出したほお袋。

対策・治療

消毒や抗生物質で炎症を抑えます。膿がたまっている場合は切開手術を。ほお袋を傷つけないよう注意しましょう。

不正咬合《ふせいこうごう》

症状・原因

前歯の伸びすぎや、曲がったりして噛み合わせがうまくいかない状態。やわらかいものばかりの食事やケージなどをかじることが原因。

ケージを噛んで曲がってしまった歯。

対策・治療

一度なると完治しないので、動物病院で定期的に歯をカットしてもらいます。症状によっては抜歯をすることも。

耳

外耳炎・内耳炎

症状・原因

外耳にたまった耳垢に細菌が繁殖して炎症を起こし、耳から膿が出たり悪臭がしたりします。外耳炎が悪化し、耳の奥まで炎症が広がった状態が内耳炎。

対策・治療

点耳薬や抗生物質を投与し、原因となる細菌を殺して炎症を抑えます。ハムスターの耳掃除は危険なのでやらないで。

しきりに耳をかゆがるしぐさを見せたら、耳の病気を疑いましょう。

目

結膜炎

症状・原因

結膜に炎症を起こして、目のふちが赤くなり、目ヤニや涙が多く出るようになります。目を傷つけたことによる細菌感染、床材などのアレルギーが原因。

対策・治療

抗生物質の点眼薬で治療。重症の場合は内服薬を使用します。アレルギーの場合は原因物質を取り除きましょう。

眼球突出

症状・原因

眼球が飛び出してしまう病気。長時間そのままだと眼球が乾き失明します。歯周炎が原因で目の裏に膿がたまり、押し出されることが多くあります。

対策・治療

目薬や抗生物質で目の乾燥を防ぎます。膿が原因の場合は、手術で膿を取り除きます。

白内障

症状・原因

目が白くにごり、視力が低下していく病気で、進行すると失明することも。完治はできません。原因は老化によるもの、内臓疾患や遺伝などさまざま。

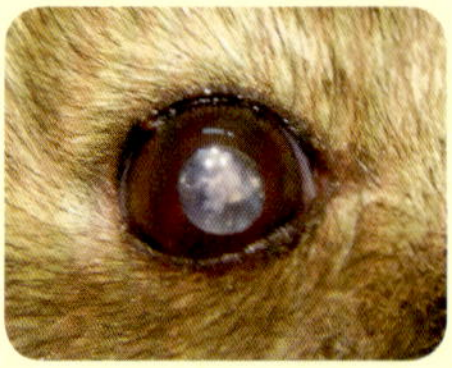

中心の白くにごっている部分が、レンズの役割をもつ水晶体。

対策・治療

点眼薬で進行をゆるめます。ほかの病気を併発している場合は、その治療も行います。糖尿病から発症しやすいので、バランスのよい食事を心がけて。

麦粒腫《ばくりゅうしゅ》

症状・原因

まぶたの内側の皮脂腺が、細菌感染により炎症を起こしたり、詰まったりすることで、まぶたや結膜に白いかたまりができたり、目が腫れたりします。

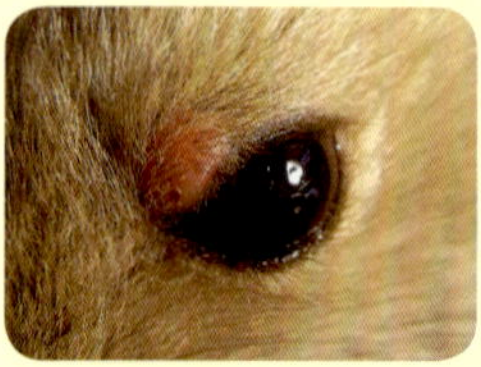

皮脂腺は「マイボーム腺」とも呼ばれます。ジャンガリアンに多い病気。

対策・治療

抗生物質の点眼薬で治療します。悪化している場合は、切開手術で膿を出します。再発しやすい病気なので、完治しても注意が必要。

消化器

ウエットテイル

症状・原因

細菌感染や寄生虫、食あたりなどのほか、ストレスも原因に。あっという間に脱水症状を起こし、2〜3日で死んでしまうこともある病気です。ウンチに異常が見られたらすぐに動物病院へ。

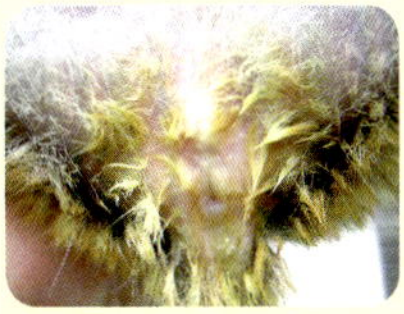

水っぽいウンチでしっぽがぬれることから「ウエットテイル」と呼ばれます。

対策・治療

ウンチの検査やX線検査で原因を特定し、抗生物質を与え治療します。脱水症状が見られるときは点滴を投与。寄生虫が原因なら駆虫剤を使います。

直腸脱《ちょくちょうだつ》

症状・原因

下痢のしすぎや重い便秘のときに、腸が強い力で押されることでひっくり返り、肛門から出てしまった状態です。命に関わるので、直腸脱を見つけたらすぐに動物病院へ行きましょう。

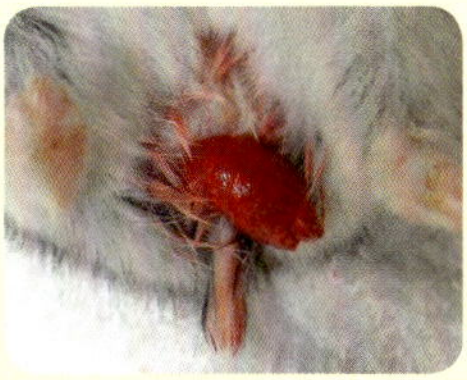

敏感で傷つきやすいので、腸には直接ふれないでください。

対策・治療

手術で腸をもとの位置に戻します。下痢や便秘をさせないことが直腸脱のいちばんの予防になります。

肝臓病

症状・原因

細菌の感染、肥満、ストレスなどが原因で肝機能が低下。食欲が落ちて体重が減り、下痢、黄疸が見られます。腹水がたまりおなかが膨張することも。

対策・治療

肝保護剤などの薬で治療します。食事に気を配り、たんぱく質や塩分の多い食品を与えすぎないようにしましょう。

腸閉塞

症状・原因

固まるトイレ砂やワタ、毛玉などの消化できないものが腸に詰まってしまうのが原因。ウンチが出にくくなり、食欲が低下して死んでしまいます。

対策・治療

消化器の働きをよくする薬を投与。重症だと手術で異物を取ることも。飲み込むと危険なものはケージに置かないで。

泌尿器

膀胱炎

症状・原因

膀胱が細菌に感染し、オシッコの回数が増え、色の濃いオシッコ、血が混じった赤っぽいオシッコが出るようになります。腎臓の障害やバランスの悪い食事などが原因のことも。

対策・治療

抗生物質を投与します。免疫力が低下すると細菌感染しやすいので、バランスのよい食事と、清潔な環境を心がけましょう。オシッコのようすもチェックしておくと安心です。

腎不全

症状・原因

老化による腎機能の衰えが原因の慢性腎不全と、細菌感染などさまざまな原因による急性腎不全の２タイプ。症状は、慢性の場合は多飲多尿など。急性の場合は血尿、乏尿、無尿など。

対策・治療

点滴で水分を十分に与え、オシッコを促し体内の老廃物を排出させます。慢性腎不全については、ふだんの食生活を見直しましょう。塩分を控えた食事で腎臓への負担を減らしてあげて。

膀胱結石

症状・原因

カルシウムのとりすぎで、膀胱に結石ができる病気。オシッコが出にくくなり、おなかをさわられるのをいやがるようになります。血尿が出ることも。

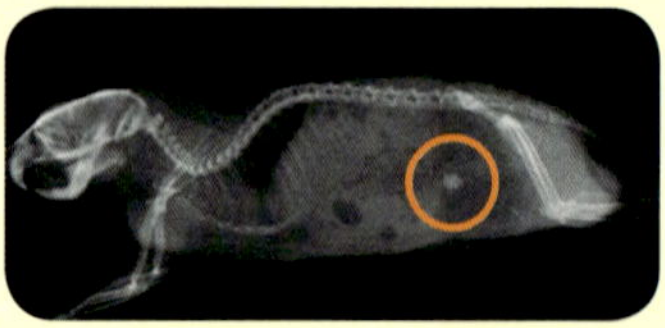

白いかたまりが結石。痛みを伴います。排尿時にいきむ子も。

対策・治療

点滴でオシッコを出やすくし､手術で結石を取り除きます。カルシウムのとりすぎに注意して、再発予防を心がけて。

⚠注意

トイレ掃除はこまめに！

排せつ物で健康チェックするのはもちろん、細菌感染を防ぐためにも掃除はこまめに行って。

呼吸器

かぜ・肺炎

症状・原因

人間と同じように、細菌やウイルスの感染、気温の変化などが原因でかぜをひきます。くしゃみや鼻水などの症状からはじまり、悪化すると呼吸困難になることも。肺炎まで進行すると、呼吸音の異常が見られ、ぐったりと動かなくなります。

対策・治療

抗生物質やビタミン剤など症状に合わせて薬を与えます。呼吸困難を起こしている場合は酸素吸入をします。予防には、ケージを清潔にし、食事と環境を整えて免疫力をアップさせましょう。ケージ内の温度を一定に保つことも大切。

COLUMN ハムコラム

人とハムスターでも病気はうつる

人と動物の間で感染する病気を「人獣共通感染症」といいます。ハムスターからはサルモネラ菌や寄生虫などが感染する可能性が。人からはインフルエンザがうつることがあります。おたがい病気のときはなるべく近づかないように気をつけましょう。

生殖器

子宮内膜症

症状・原因

メス特有の病気。ホルモンバランスが崩れ、子宮の内膜や子宮全体が腫れてしまいます。多飲多尿、出血、動きがにぶくなるなどの症状があらわれます。ゴールデンがかかりやすいです。

対策・治療

抗生物質を投与。それでも改善しない場合は、手術で子宮を摘出しなければなりません。内科的治療で済ますためには早期発見が大事です。

精巣炎

症状・原因

睾丸の傷口から細菌感染し、炎症を起こして睾丸が赤く腫れます。ホルモンバランスが原因のことも。

対策・治療

抗生物質を投与します。高齢の場合は腫瘍化している可能性があるので、病院で検査してもらいましょう。

そのほか

心不全

症状・原因

心臓の働きが弱まる病気で、高血圧による心臓への負担や、老化や肥満も主な原因です。苦しそうな呼吸や、食欲や体温の低下が見られたら疑いましょう。

対策・治療

強心剤などの薬で症状を抑えます。運動を控え、高血圧の原因となる塩分や脂肪分なども避けましょう。

斜頸《しゃけい》

症状・原因

高所から落下した衝撃や、内耳の細菌感染などにより、バランスをとる器官が損傷するのが原因。首を傾げ、食欲不振やめまいなどの症状が。

対策・治療

抗生物質や抗炎症剤を与えます。落下事故が起きないよう、高いところにハムスターが登らないように注意。

腫《しゅ》瘤《りゅう》

症状・原因

「腫瘤」とは体にできるしこりの総称です。ケガが原因で皮下に膿がたまってできたプヨプヨしたものが膿瘍。コリコリしたものは腫瘍の可能性が高く、悪性（がん）の場合と良性の場合があります。遺伝や栄養の偏りなどが原因です。

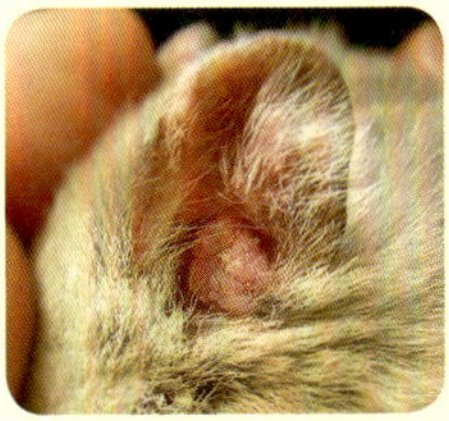

耳にできた腫瘍。1歳あたりからしこりができやすくなります。

対策・治療

手術でしこりを取り除きます。がんの場合は、進行具合や年齢によって、抗がん剤で進行を遅らせる内科的治療を行うことも。早期発見が大切です。

CHECK

しこりができやすい箇所

健康チェックのとき、下のポイントをとくに注目しましょう。

耳
鼻腔
ほお袋
胸
おなか
生殖器
足のつけ根

乳腺腫瘍

症状・原因

ジャンガリアンのメスに多く見られる腫瘍。足のつけ根から胸の皮下あたりにしこりができます。乳管癌や乳腺癌など、さまざまながんの可能性があります。腫瘍は急激に大きくなることもあるので、異変を感じたらすぐに病院へ。

対策・治療

手術で腫瘍ができた乳腺部分を取り除きます。縫合した傷口がきれいに閉じるまで、安静に過ごさせましょう。

ジャンガリアンに
多いよ

看病

自宅で看病するときは

ハムスターが病気になったら、自宅で看病することもあります。
そのときに備えて、投薬のコツなども知っておくと便利です。

獣医師の指示に従って安静に過ごさせよう

入院の必要がないときは、病気の子を自宅で看病することになります。獣医師に看病のしかたをよく確認しましょう。

早く治すためには、安静にさせて栄養をたっぷり与え、処方された薬を指示通りあげることが大切。心配だからといってハムスターをなでたり、ようすを何度も確認したりすることはハムスターのストレスになるので控えましょう。

CHECK

複数飼いの場合は病気の子を隔離

複数のハムスターを飼っているときは、感染を防ぐために、病気の子を隔離する必要があります。病気の子を別ケージに移し、使っていたケージは大掃除を。掃除用具から伝染する可能性もあるので、別々のものを使うか、使用後はていねいに洗いましょう。

感染を防ぐポイント

- ☑ ケージを分ける
- ☑ 掃除用具などお世話グッズは別のものを使う
- ☑ お世話後は手を洗う

環境　清潔さと保温を重視

落ち着けるハウスに

抵抗力が弱くなっているときは、感染症に要注意。排せつ物をこまめに掃除して、ケージ内をきれいに保ちましょう。少し暗い場所のほうが落ち着くので、ハウスに布などをかけてあげると◎。

冬は 22 ～ 24℃、夏は 25 ～ 28℃がめやす

ケージ内の温度はいつもより少し高めに設定します。少しでも寒いと感じると、体温を上げるために体力を消耗するからです。ケージ内に温度計を設置し、温度管理を徹底しましょう。

食事　好きな食べ物で食欲アップ！

カロリーオーバーでも栄養補給を重視

病気のときは食欲が落ちてしまいがち。多少カロリーオーバーになっても、好物を多めにあげて、食欲をアップさせましょう。水でやわらかくしたペレットに、すりつぶしたヒマワリのタネを混ぜるのもおすすめ。

脱水症状に気をつけて

水分をとらずに脱水症状を起こしてしまう危険性があります。とくに下痢を起こしているときは、人の赤ちゃん用のイオン飲料や、整腸剤を混ぜたヨーグルトを少量だけあげましょう。

⚠注意

何も食べなければ入院を

獣医師の指示通り看病をしても、ハムスターが何も食べようとしない場合は動物病院に連れて行き、入院をさせてもらえないか相談しましょう。

投薬のしかた

獣医師の指示通りの回数・量を守ろう

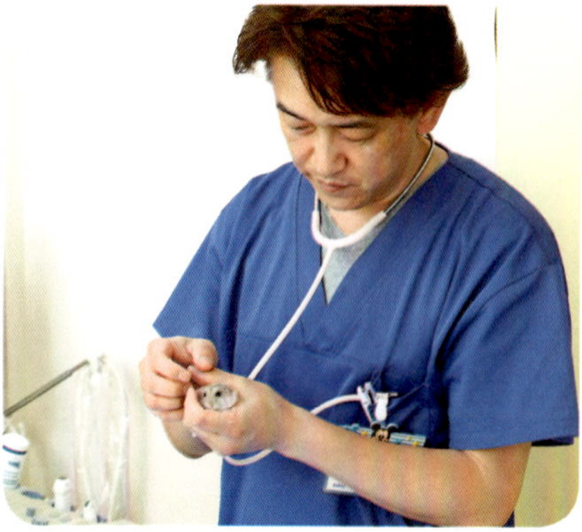

動物病院で処方される薬は、ハムスターの体格や症状に合わせて内容・量を決めたものです。処方されたとおりの回数と量を与えなければ期待される効果があらわれません。眠っているハムスターを起こしてでもきちんと薬を飲ませましょう。

寝ているときも
起こしていいよ

じょうずに体を固定しよう

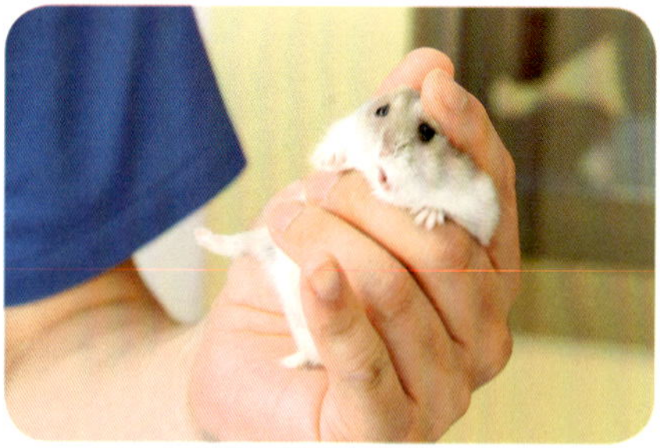

片方の手でハムスターを持ちます。中指にハムスターの手をかけさせ、親指と人さし指で頭を後ろから固定し、残りの指であご下からおなかを支えれば、噛まれる心配がありません。ハムスターにとっても安定する体勢なので、手に慣れている子ならおとなしくしてくれます。

どうしても
うまくできないときは
獣医さんに相談！

「獣医師持ち」は痛い！

首の後ろの皮を引っ張り、体をひっくり返した状態で固定する「獣医師持ち」は、ハムスターにとってかなりつらい体勢。痛くてあばれてしまう子が多いです。特別なとき以外、長時間この持ち方をすることはやめてあげましょう。

飲み薬

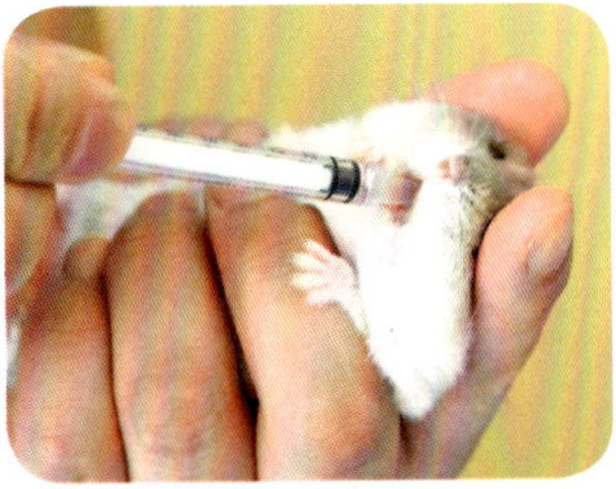

甘い薬だと
なめてくれる子も

シリンジを使って1mℓ単位で調整

1mℓ単位で調整できて、飲んだ量を正確に確認できるシリンジを使った投薬がおすすめ。頭をしっかりと固定し、口に注入します。前歯にぶつけてしまわないよう、口の少し横から入れましょう。

目薬

上下まぶたをひっぱる

人さし指と親指でまぶたを引っ張り、目がポコッと出るまで開かせます。

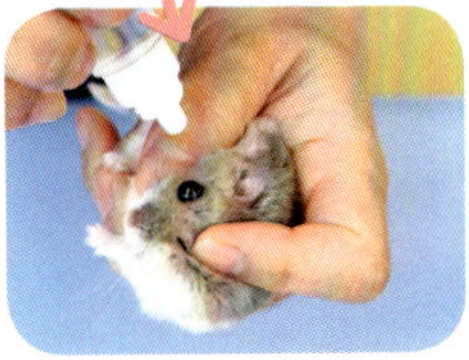

目がポコッと出たら点眼

目がはっきりと出た状態で点眼。容器で目を傷つけないよう注意して。

塗り薬

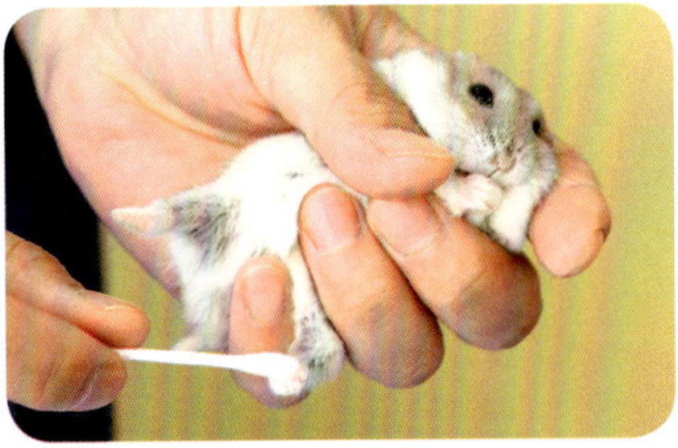

綿棒でちょんちょんつける

患部がよく見えるように体を固定します。塗り薬を綿棒の先につけ、患部にちょんちょんと優しく塗りましょう。強くこするのは痛がるのでNG。

point

あばれる子はタオルで包むと◎

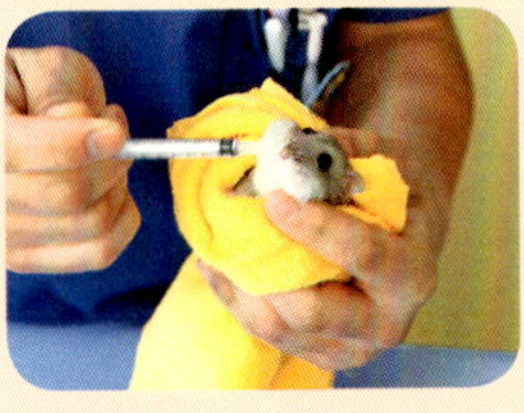

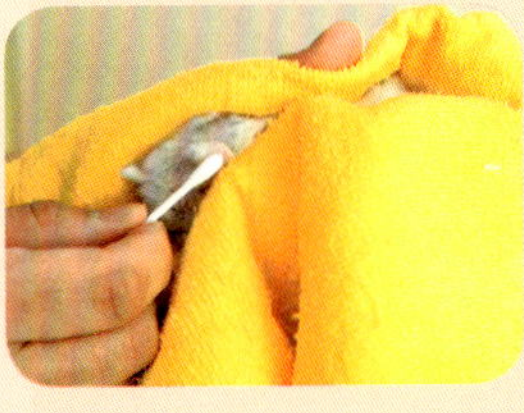

手が苦手で、体を固定しようとするとあばれてしまう子は、タオルで包んであげるとスムーズ。また、ハムスターはにおいで飼い主を見分けるため、「飼い主＝いやなこと（投薬）をする人」という印象を残さないためにもタオルを使うと◎。

応急処置

いざというときの応急処置

ちょっとしたケガが命の危険につながるハムスター。
万が一に備え、応急処置を覚えておくと安心です。

もしものときに備えて 応急処置をマスター

体の小さなハムスターは、ちょっとしたケガや事故で命を落としてしまいます。何かあったらすぐに動物病院に連れて行きましょう。病院に行く前に応急処置をすれば、少しだけ症状の悪化を遅らせることができるかもしれません。ただし、正しい治療は獣医師にしかできないので、必ず病院に行ってください。素人判断で「もう大丈夫」と決めるのは禁物。

骨折・ねんざ

足が腫れていたり、引きずっていたりする場合は骨折やねんざをしている可能性が。動き回ると悪化するので、ハムスターを小さい箱などに入れ、揺れに気をつけながらそっと動物病院へ移動します。

熱中症

体温が高くなり、ぐったりとして呼吸が苦しそうな場合は熱中症を疑いましょう。ケージを涼しい場所に移動し、タオルでくるんだ保冷剤や、ビニールに入れたぬれタオルなどでハムスターの体を冷やします。

やけど

ぬらしたタオルを固く絞り、患部にあてて冷やします。ハムスターの体全体を包むように冷やしてもOK。直接氷水に入れるのは厳禁です。

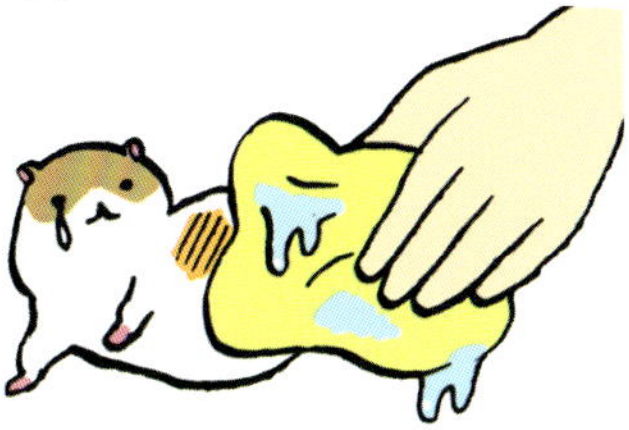

疑似冬眠

体が冷たくなって、呼吸数が少なく睡眠時間が長い場合は、冬眠状態。手の中に入れて人肌で温めましょう。意識が戻っても獣医師に診てもらうほうが安心。

中毒

食べてはいけないものを口にすると、呼吸困難やけいれんなどの中毒症状があらわれます。一刻も早く動物病院へ連れて行き、体内の毒素を出してもらいましょう。

出血

ぬるま湯でぬらしたガーゼで、傷口の汚れをふきます。出血が止まらなければガーゼや布で押さえて。傷口が閉じていても、体内で化膿していることがあるので油断は禁物。

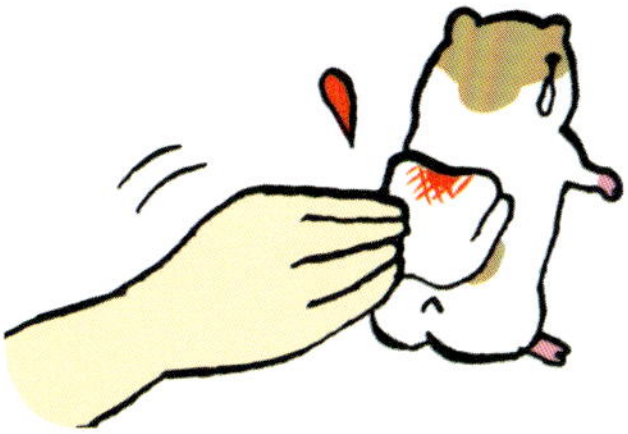

感電

コードをかじっているところを見たら、すぐに電源を抜いてハムスターの状態を確認します。口の中や体内にやけどを負った可能性が高いので、すぐに動物病院へ。

下痢

排せつ物といっしょに水分が大量に出てしまうので、脱水症状を予防します。人間の赤ちゃん用のイオン飲料や整腸剤を混ぜたヨーグルトを少量与えるのも◎。

繁殖

赤ちゃんがほしくなったら

出産はハムスターにとって命がけ。
母ハムスターと、生まれてくる大切な命に責任をもてるかよく考えましょう。

赤ちゃんを育てられるかよく検討して

大切なハムスターに赤ちゃんを生ませる前に、繁殖が経済的・環境的に可能なのかよく考えましょう。一度の出産で、ゴールデンは平均8匹、ドワーフは平均4匹生みます。すべての赤ちゃんのお世話ができるのか、里子に出す場合は里親を事前に決めて。また、母ハムスターにもかなりの負担がかかるので、繁殖をする場合は、準備を万全にしてください。

繁殖の条件

生後3か月～1歳

ハムスターは生後3か月くらいから繁殖が可能。高齢での出産は危険なので、1歳くらいまでが適齢期です。

健康体

出産は体力を使うので、健康であることが大前提。太りすぎ、やせすぎの場合も繁殖は控えて。

同じ種類どうし

違う種類をかけ合わせることは絶対にやめて。ハムスターはすべて野生種なので、基本的に雑種は生まれません。

近親はNG

親子やきょうだいなどでの繁殖は、障害をもった子が生まれる確率が高いです。繁殖の相手は血のつながりがない子を選びましょう。

お見合い～妊娠

1 ケージ越しにお見合い

ケージを並べ、おたがいの姿やにおいに慣らせます。少なくとも4日はようすを見て。

2 メスの発情期にオスのハウスに入れる

メスの生殖器から半透明の液体が出たら発情のサイン。オスのケージに移しましょう。

3 交尾後メスを戻す

1時間ほど交尾が行われます。交尾後メスは攻撃的になるので、元のケージに戻して。

4 メスに膣栓ができたら妊娠確定

メスの生殖器にろうのような白いかたまり（膣栓）ができたら、妊娠している証拠。

⚠注意

ケンカをはじめたらすぐ離して

メスをオスのケージに入れたときに、激しくケンカをはじめたら、お見合いは断念。噛みつかれる場合もあるので軍手をつけ、2匹を離しましょう。再チャレンジは1週間以上あけてから。

妊娠中

環境 落ち着いて出産ができるハウスに

ケージを暗くする

明るい部屋にいる場合は、ダンボールや布などでケージを覆い、うす暗くしてあげると落ち着きます。

床材は多めに

出産に備えて巣作りをするため、床材をふだんより多めにたっぷりと入れてあげましょう。

みかん

水槽タイプのケージ

金網タイプだと、生まれた赤ちゃんがすき間から出てしまったり、足を挟んでしまう可能性があるので、水槽タイプのケージに。

赤ちゃんも入る巣箱

巣箱の中で子育てをするので、赤ちゃんたちも入る大きめのものを用意。

食事 食欲に合わせて食事量を倍に

妊娠10日目くらいから食欲が増えはじめます。たんぱく質、カルシウム、ビタミンが必要になるので、主食のペレットに加えて野菜とゆで卵やニボシなどをいつもより多めに与えましょう。

見ためも
ふっくらしてるよ
もぐもぐ
もっと
ちょーだい!

出産2～3日前

掃除と食事以外は手を出さないで

出産が近づくとおなかがパンパンになり、巣作りを始めます。周囲に敏感になるため、掃除や食事など必要最低限のお世話以外は近づかないで。

出産

深夜～明け方に出産 母ハムに任せて

深夜から明け方にかけて出産。手出しするとストレスになるので、母ハムスターに任せて見守りましょう。

子育て中

生後1週間

赤ちゃんの体にだんだんと毛が生え、耳の形がわかるように。よちよちと動きはじめます。まだまだおっぱいが中心ですが、やわらかいフードを食べはじめる子も。

ごはん
早い子はやわらかいものを食べられるので、ペレットをふやかして与えてみましょう。

生後2週間

毛が生えそろい視覚や聴覚がしっかりしてきます。ほお袋を使いはじめたり、毛づくろいをはじめたり、毎日成長が見られます。自由に動き回るので母ハムスターは大変。

ごはん
引き続きやわらかくしたペレットを。小さく切った野菜もあげてみましょう。

生後3週間

ほとんどの子が自分で食事ができるようになり、離乳をする時期。飼い主さんが子ハムスターにさわっても大丈夫です。ケージの掃除などをしましょう。

ごはん
だんだんとおっぱいを飲まなくなるので、みんながフードを食べられているか要チェック。

生後4週間

完全に離乳しひとりで食事ができるようになったら、母ハムスターと離しましょう。子ハムスターどうしのケンカや繁殖を防ぐため、1匹ずつケージをわけてください。

ごはん
おとなのハムスターと同じようにペレット中心の食事にします。

⚠注意

離乳までは赤ちゃんに直接さわらないで

赤ちゃんハムスターに人間のにおいがつくと、母ハムスターが育児を放棄することがあります。離乳するまでは、直接素手でさわってはいけません。基本的に子育ては母ハムスターに任せますが、赤ちゃんハムスターが集団からはぐれて迷子になってしまったときは、割り箸にガーゼを巻いたものなどの道具を使ってもとに戻してあげましょう。

シニアハムのお世話

寿命が短いハムスターは、あっという間にシニア世代になります。
老化に合わせたお世話をしましょう。

老化に合わせて環境を変えよう

寿命が短いハムスターは、2歳になるころにはもうシニア世代。個体差はありますが、老化のサインは1歳半を境にだんだんと見えはじめます。ハムスターの体の衰えに合わせた環境を整えてあげましょう。

とくに気を配りたいのは健康面。定期的に動物病院で健康診断を受け、病気やケガの予防に努めましょう。

＊年齢比較表

ハムスター	人
1か月	7歳
2か月	15歳
3か月	18歳
6か月	25歳
1歳	30歳
2歳	60歳
3歳	90歳

シニアハムの特徴

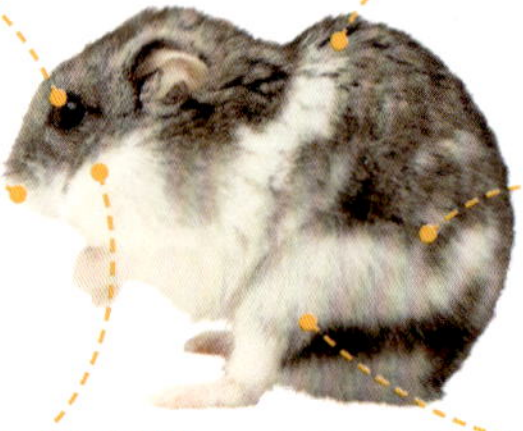

目がにごってくる
視力が低下し、輝きがなくなってにごったように見えます。

あごの力が弱くなる
あごの力が弱くなるので、食事がとりづらくなります。

毛並みが悪くなる
毛づくろいの回数が減ることで、毛づやがなくなってきます。

ほお袋が使いづらそう
ほお袋に入れたものが出しづらくなることも。

背骨が曲がる
横から見たときに、背骨がグネッと曲がっているのがわかります。

胃腸が弱くなる
消化機能が衰えることで、下痢を起こしやすくなります。

動きが遅くなる
足の筋肉が衰え、動作がゆっくりになります。

環境

● 高低差をなくす

足を引っかける心配がない水槽タイプのケージに。床材をたくさん入れ、おもちゃは外し、なるべく高低差がないケージにします。

● 温度・湿度を一定に

温度や湿度の変化はハムスターの体力を消耗させます。ケージ内の温度・湿度を一定に保つよう、温湿度計でチェックを。

食事

● 消化・吸収のよいものを

食べやすく、消化しやすい食事に。ペレットは砕いたり水でふやかしたりしてやわらかくしましょう。胃腸の働きを助ける野菜と果物を、細かく切るかすりおろすなどしていっしょに与えて。

運動量が減るから
高脂肪のものはダメ！

お手入れ

● 週1回のブラッシング

毛づくろいの回数が減るため、皮膚病にかかりやすくなります。予防のために、ブラッシングを週１回ほど行いましょう。

● 爪の伸びを要チェック

動きが減るため、爪が自然と削れなくなります。ケガの原因になるので、爪が伸びすぎていないかチェックを。

point

健康診断の回数を増やそう

シニアになると病気にかかりやすく、進行のスピードも早いです。毎日の健康チェックはもちろんのこと、獣医師と相談して健康診断の回数を増やすのがおすすめです。

お別れ

お別れのときがきたら

大好きなハムスターとのお別れは、悲しいけれどいつかやってくるもの。責任をもってお見送りしましょう。

きちんと天国へお見送りしよう

ハムスターの寿命は人と比べてとても短く、お別れのときはあっという間にやってきます。大切に育て、大好きだった分だけ悲しみはとても大きいですが、大切なハムスターをしっかりとお見送りするまでが飼い主さんの役目です。お別れの方法について、家族やまわりの人とよく相談して決めましょう。

ペットロスになってしまったら

ハムスターの死から立ち直れないときは、思いっきり泣き、思い出を聞いてもらうなどして乗り越えましょう。深刻な場合はカウンセリングを受ける手も。

お別れの方法

自宅で埋葬

自宅に庭がある場合は、人が通らない場所にお墓をつくってあげましょう。小さな箱に入れ、ほかの動物に掘り起こされないよう30㎝以上の深さの穴を掘って埋葬します。

ペット霊園で供養

火葬からお墓づくり、遺骨の扱いなど、葬儀に関するすべてをお願いできます。内容や金額などを確認して、希望に合った霊園を選びましょう。

point

自治体の方針を調べておこう

自治体によっては、ペット専用の火葬場でハムスターの火葬を行ってくれるところもあります。ただし、個別か合同か、火葬に立ち会えるのか、遺骨の返却はあるのかなど、火葬のスタイルはさまざまです。自分の住んでいる地域ではどのような対応なのか役所に問い合わせてみましょう。

Special Thanks

芋洗きなこちゃん

桜吹雪小梅・小春ちゃん

ハム吉ちゃん

ハミィちゃん

ビリーちゃん

ボーロちゃん

子龍ちゃん

監修

LUNA ペットクリニック潮見院長
岡野祐士（おかのゆうじ）

エキゾチックペット研究会会員。2002 年に江東区潮見にて LUNA ペットクリニックを開院。犬や猫はもちろん、とくにうさぎやハムスターなどエキゾチックアニマルの診療・飼育指導に勤務医や看護師とともにチーム一丸となって取り組んでおり、院内はアットホームな雰囲気に包まれている。

東京都江東区潮見 2-6-1
https://luna-pet.com/

哺乳類動物学者
今泉 忠明（いまいずみ ただあき）

哺乳類動物学者。ねこの博物館館長。日本動物科学研究所所長。著書に『最新　ネコの心理』『誰も知らない動物の見かた ー 動物行動学入門』（ナツメ社）、『野生ネコの百科』（データハウス）、監修に『世界一かわいいうちのネコ　飼い方としつけ』（日本文芸社）など多数。

撮影協力

小動物専門店　お魚かぞく
http://osakanakazoku.web.fc2.com/pctop.htm

紹介商品のお問い合わせ先

株式会社　三晃商会
☎072-728-3001
http://www.sanko-wild.com/

はじめてのハムスター
飼い方・育て方

2015年　9月24日　第1刷発行
2020年12月15日　第6刷発行

発行人	中村公則
編集人	滝口勝弘
発行所	株式会社学研プラス 〒141-8415 東京都品川区西五反田2-11-8
印刷所	大日本印刷株式会社

企画・編集	株式会社スリーシーズン （松本ひな子／新村みづき）
デザイン	島村千代子
写真	清水紘子／布川航太
イラスト	伊藤ハムスター
本文DTP	株式会社ノーバディー・ノーズ

●この本に関する各種お問い合わせ先

本の内容については、下記サイトのお問い合わせフォームよりお願いします。
https://gakken-plus.co.jp/contact/
在庫については　Tel 03-6431- 1250（販売部）
不良品（落丁、乱丁）については　Tel 0570-000577
学研業務センター
〒354-0045 埼玉県入間郡三芳町上富279-1
上記以外のお問い合わせは
Tel 0570-056-710（学研グループ総合案内）

学研の書籍・雑誌についての新刊情報・詳細情報は、下記をご覧ください。
学研出版サイト　　https://hon.gakken.jp/